KBS **김인영** 해설위원의

누워서 가는 대국여행

특파원 체험담

이 책은 홍성현 언론기금의 지원을 받아 저술·출판되었습니다.

누워서 가는 대국여행

초판 1쇄 인쇄 2013년 05월 24일
초판 1쇄 발행 2013년 05월 30일

지은이 김 인 영
펴낸이 손 형 국
펴낸곳 (주)북랩
출판등록 2004. 12. 1(제2012-000051호)
주소 153-786 서울시 금천구 가산디지털 1로 168,
우림라이온스밸리 B동 B113, 114호
홈페이지 www.book.co.kr
전화번호 (02)2026-5777
팩스 (02)2026-5747

ISBN 978-89-98666-73-6 03980

이 도서의 국립중앙도서관 출판시도서목록(CIP)은 서지정보유통지원시스템 홈페이지(http://seoji.nl.go.kr)와 국가자료공동목록시스템(http://www.nl.go.kr/kolisnet)에서 이용하실 수 있습니다.
(CIP제어번호 : 2013007158)

KBS 김인영 해설위원의

누워서 가는 태국여행

특파원 체험담

김인영 지음

book Lab

책을 내면서

이 책을 왜 펴냈나? 이렇게 묻는 사람이 있을 수도 있다. 태국이나 방콕에 관한 책은 지천인 까닭이리라. 그래도 필자는 이 책을 내고야 말았다. 나만의 경험, 나만의 기록이 있기 때문이다. 그것이 누군가에게는 도움이 될 거라 믿었기 때문이다.

특파원, 특히 방송기자 특파원은 현장을 보여줘야 하는 까닭에 오만 군데를 다 누비고 다닌다. 일반인이나 다른 직업인들이 누릴 수 없는 특권이자 호사이기도 하다. 이 책은 태국에서 그렇게 보낸 3년간의 기록이다.

태국은 문명과 원시가 공존하는 나라다. 아무리 다녀도 지겹지 않고, 아무 때나 가도 반겨주는 고향과 같은 느낌이 드는 곳이다.

지치고 상한 영혼들이 충분히 안식하며 새 힘을 얻을 수 있는 곳이다. 또 여행하기 충분히 편한 나라이기도 하다. 하지만 잠깐의 주마간산 여행으로는 볼 수 없는 곳들이 수두룩하다. 마사지나 매춘여행을 연상하는 패키지관광 이상의 나라다. 살면서 차분히 속살을 들여다보면 더욱 더 재미있고 신비한 나라다.

하지만 아무리 좋아도 일일이 다 가 볼 수 없는 것이 우리네 현실 아닌가? 이 책으로나마 일상생활에서 잠시 벗어나 필자가 누려본 호사를 맛볼 수 있기를 바란다.

이 책이 나오기까지 내 일처럼 도와준 KBS 방콕지국 식구들, 한재호 특파원, 카메라맨 몽콘, 코디네이터 Ms 쿰와리(한국이름 유리), 월라완 등에게 각별히 감사의 뜻을 표한다.

아울러 표지부터 디자인까지 세심하게 신경써서 출판해 주신 북랩 관계자들에게도 감사의 뜻을 표한다.

그리고 이 모든 것을 체험할 기회를 주시고 글을 쓰게 해주신 은혜에 감사드리며 하나님께 모든 영광을 돌린다.

2013년 5월

김인영

태국 전체 간편지도

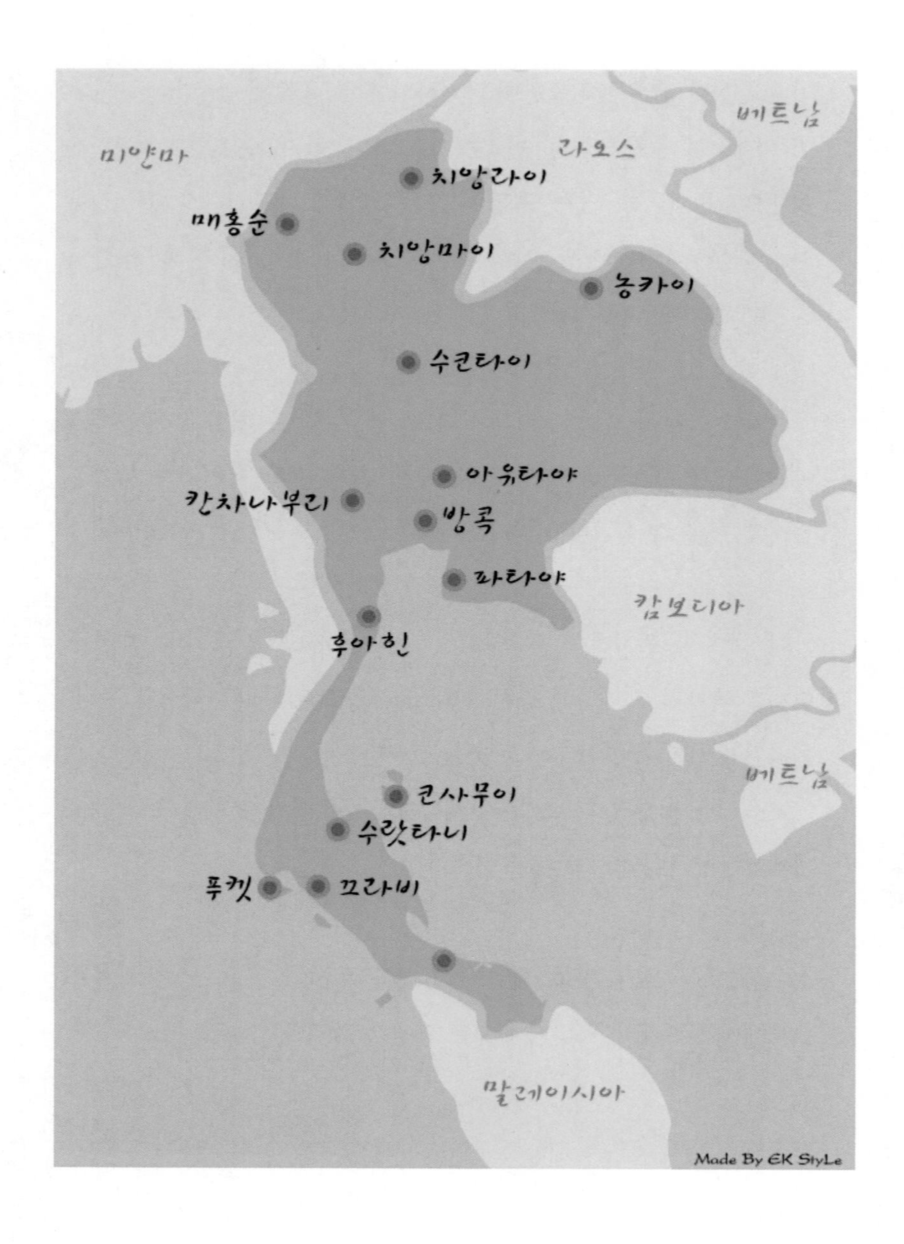

베트남
미얀마
라오스
치앙라이
매홍순
치앙마이
농카이
수코타이
아유타야
칸차나부리
방콕
파타야
캄보디아
후아힌
베트남
코사무이
수랏타니
푸켓
끄라비
말레이시아
Made By EK StyLe

방콕 전체 간편지도

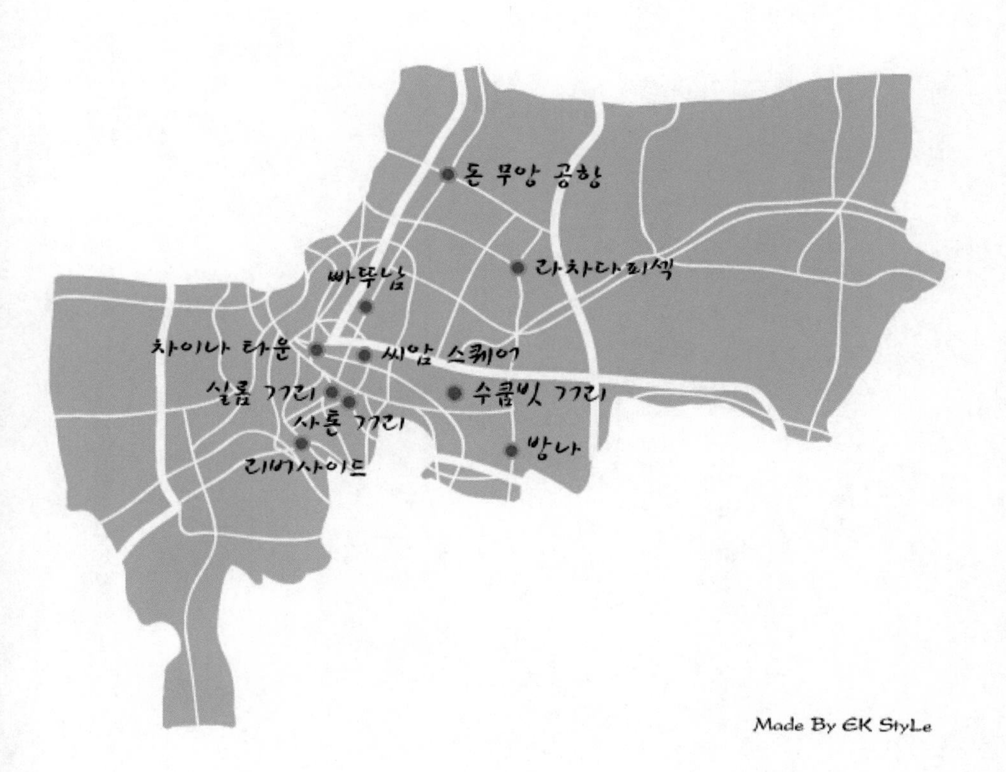

돈 무앙 공항
라차다피섹
빠뚜남
차이나 타운
씨암 스퀘어
실롬 거리
수쿰빗 거리
사톤 거리
방나
리버사이드
Made By EK StyLe

수쿰빗 지역 간편지도

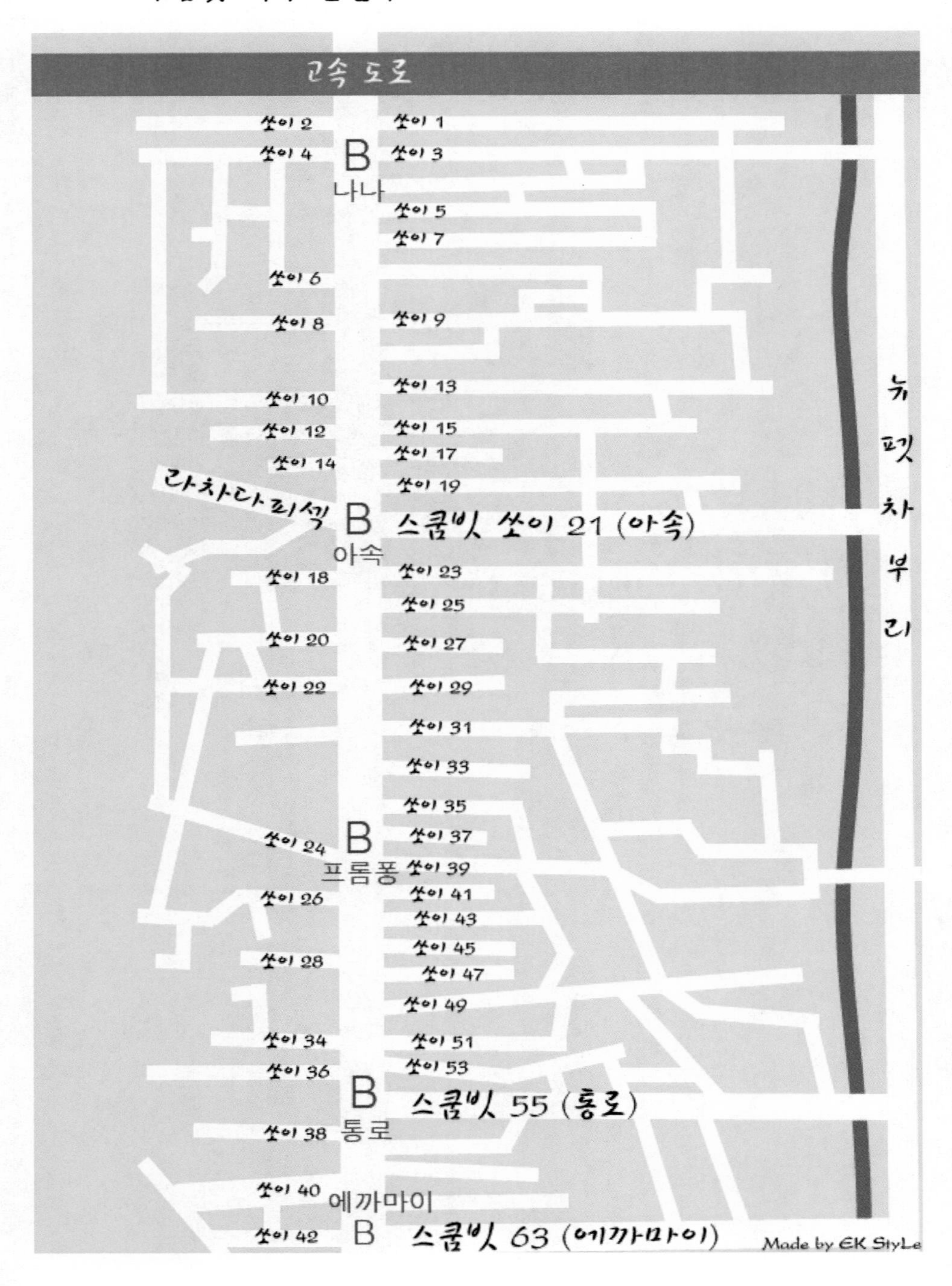

고속 도로
쏘이 2
쏘이 1
쏘이 4
B
나나
쏘이 3
쏘이 5
쏘이 7
쏘이 6
쏘이 8
쏘이 9
쏘이 13
쏘이 10
쏘이 12
쏘이 15
쏘이 14
쏘이 17
쏘이 19
라차다피섹
B
아속
스쿰빗 쏘이 21 (아속)
쏘이 18
쏘이 23
쏘이 25
쏘이 20
쏘이 27
쏘이 22
쏘이 29
쏘이 31
쏘이 33
쏘이 35
쏘이 24
B
프롬퐁
쏘이 37
쏘이 39
쏘이 26
쏘이 41
쏘이 43
쏘이 45
쏘이 28
쏘이 47
쏘이 49
쏘이 34
쏘이 51
쏘이 36
쏘이 53
B
통로
스쿰빗 55 (통로)
쏘이 38
쏘이 40
에까마이
쏘이 42
B
스쿰빗 63 (에까마이)
뉴펫차부리
Made by EK StyLe

방콕 지하철 노선도

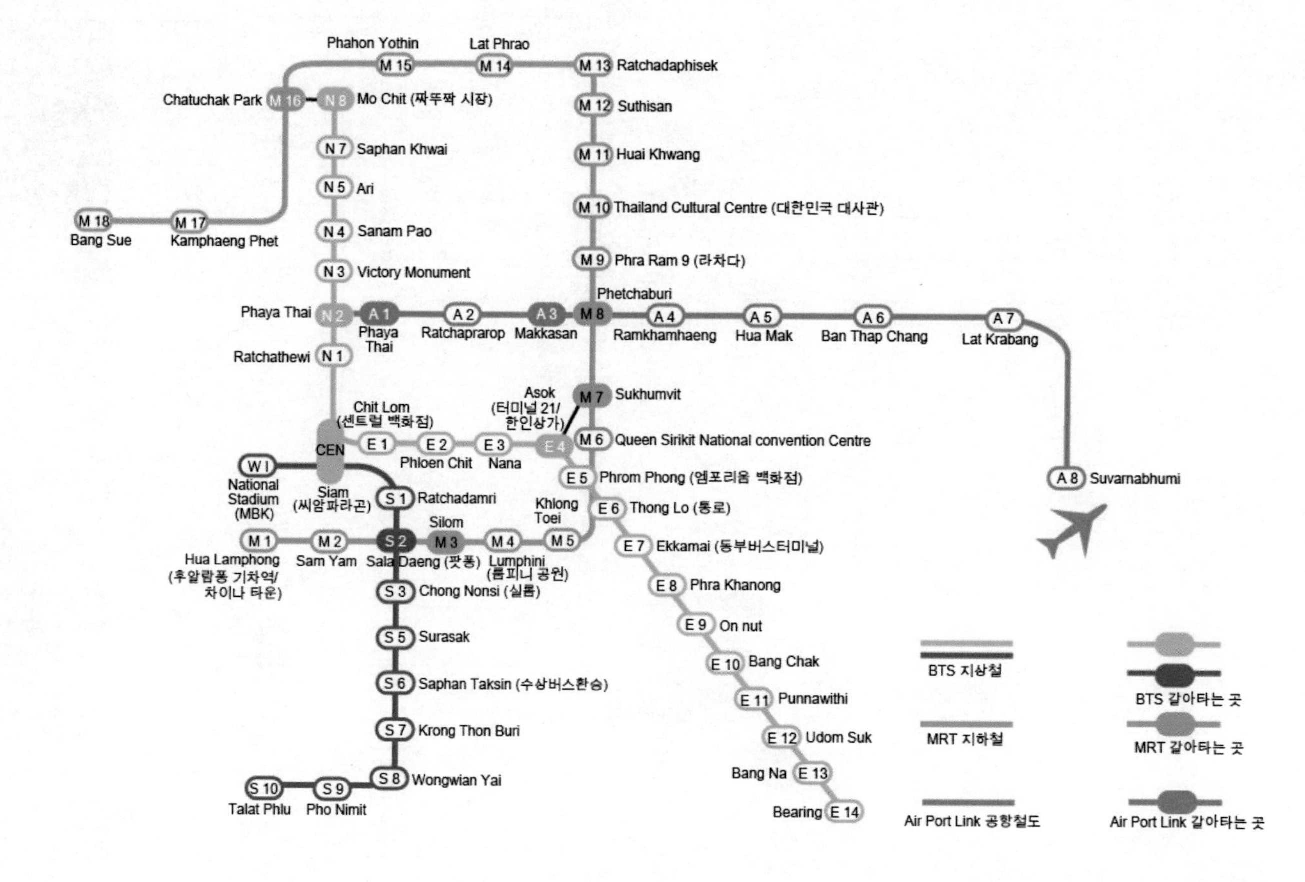

Phahon Yothin
Lat Phrao
M 15
M 14
M 13 Ratchadaphisek
Chatuchak Park M 16
N 8 Mo Chit (짜뚜짝 시장)
M 12 Suthisan
N 7 Saphan Khwai
M 11 Huai Khwang
N 5 Ari
M 10 Thailand Cultural Centre (대한민국 대사관)
M 18 Bang Sue
M 17 Kamphaeng Phet
N 4 Sanam Pao
N 3 Victory Monument
M 9 Phra Ram 9 (라차다)
Phetchaburi
Phaya Thai N 2
A 1 Phaya Thai
A 2 Ratchaprarop
A 3 Makkasan
M 8
A 4 Ramkhamhaeng
A 5 Hua Mak
A 6 Ban Thap Chang
A 7 Lat Krabang
Ratchathewi N 1
Asok (터미널 21/ 한인상가)
M 7 Sukhumvit
Chit Lom (센트럴 백화점)
CEN
E 1
E 2 Phloen Chit
E 3 Nana
E 4
M 6 Queen Sirikit National convention Centre
W I National Stadium (MBK)
Siam (씨암파라곤)
E 5 Phrom Phong (엠포리움 백화점)
A 8 Suvarnabhumi
S 1 Ratchadamri
Khlong Toei
E 6 Thong Lo (통로)
Silom
M 1 Hua Lamphong (후알람퐁 기차역/ 차이나 타운)
M 2 Sam Yam
S 2 Sala Daeng (팟퐁)
M 3
M 4 Lumphini (룸피니 공원)
M 5
E 7 Ekkamai (동부버스터미널)
S 3 Chong Nonsi (실롬)
E 8 Phra Khanong
E 9 On nut
S 5 Surasak
E 10 Bang Chak
S 6 Saphan Taksin (수상버스환승)
E 11 Punnawithi
S 7 Krong Thon Buri
E 12 Udom Suk
Bang Na E 13
S 8 Wongwian Yai
S 10 Talat Phlu
S 9 Pho Nimit
Bearing E 14
BTS 지상철
MRT 지하철
Air Port Link 공항철도
BTS 갈아타는 곳
MRT 갈아타는 곳
Air Port Link 갈아타는 곳
Made By EK StyLe

Contents

2부 태국의 정신과 문화유산

3부 태국인들 사는 이야기

1부

관광대국 태국의 신비

왜 태국인가?

태국은 관광대국이다. 매년 찾는 외국인이 2천여 만 명이다. 무엇 때문에 태국에 몰릴까? 답이 쉽지 않지만 방콕에 오래 살면서 외국을 자주 다녀보면 어느 정도 윤곽이 나온다. 한 마디로 태국은 관광의 기본요소인 볼거리, 놀 거리, 먹을거리를 다 갖추고 있다. 게다가 가격이 만만해 살거리(?)까지 만족시켜 주는 나라다.

우선 자연조건이 볼거리로 충분하다. 남쪽으로는 태평양과 인도양을 끼고 있어 햇빛과 환상적인 백사장을 갖춘 해변이 있다. 푸껫의 수많은 해안가가 그렇고 방콕 근처의 **파타야**가 그렇다. 바다에는 저마다의 신비를 갖춘 환상적인 섬들이 있다. 투명한 물빛에 오염되지 않은 인심은 원시의 넉넉함과 아름다움을 그대로 갖고 있다. 게다가 현대문명에 익숙한 외국인들이 불편하지 않게 충분히 편하고 호화스런 숙박시설이 잘 갖춰져 있다. 가장 중요한 건 값도 무척 합리적이라는 것이다. 그냥 가면 하룻밤에 수십만 원씩 하는 방이 여행사 가격으로는 몇 만 원이면 충분하다.

북쪽으로 가면 산이 아름답다. 치앙마이와 치앙라이 등 북쪽 산악 지역에는 고산족으로 불리는 소수민족이 흩어져 살며 신선한 볼거리

를 제공한다. 목이 길어 슬픈 족속으로 유명한 카렌족이 있고, 삼국시대 때 패망한 뒤 당나라로 끌려간 고구려 유민의 후손으로 알려진 라후족도 만날 수 있다. 고산지역에서 사는 8대 소수민족의 문화를 모두 접해볼 수가 있다. 그런가 하면 마약의 대명사로 유명한 골든트라이앵글, 황금의 삼각주가 관광지로 변신해 관광객들을 유혹하고 있기도 하다. 이 산악지역에서 즐기는 뗏목 타기나 코끼리 트래킹은 분명 색

다른 경험이 된다. 메콩 강변을 타고 오르며 인근 라오스를 건너가고 미얀마와의 국경지역에서 미얀마의 맛도 볼 수가 있다.

그뿐인가? 태국 전역에 걸쳐 있는 수많은 골프장은 환상적인 코스에 저비용으로 관광객들을 유혹한다. 이들 골프장을 상대로 한 수십만 원짜리 4박6일 무제한 골프 여행 프로그램이 여행사별로 쏟아져 나와 있지 않은가?

여행으로 피로해진 몸을 맡겨두면, 두 시간 동안 몸 구석구석 숨어 있는 피로감까지 찾아내 없애주는 타이마사지의 맛은 어디에 비길 수 있을까? 그렇게 서비스를 받고 나서도 팁까지 합쳐 우리 돈으로 2만 원을 약간 넘는 정도다. 이 돈을 받고 두 손 모아 고맙다고 머리를 조아리는 그네들을 보노라면 오히려 미안한 마음이 들 정도이다.

술과 밤 문화를 즐기는 이들에게는 단순한 피로회복 마사지로는 부족하리라. 태국의 밤거리는 휘황찬란한 네온사인 등을 밝히며 유혹의 손길을 내밀고 있다. 팻부리가에는 성적 서비스를 제공하는 수많은 마사지가게가 성업 중이다. 또 팟퐁이니 나나 혹은 카우보이 골목 등 거리의 여인들을 살 수 있는 술집들이 얼마든지 널려 있어서 일탈을 부추기고 있다.

태국의 음식은 또 어떤가? 싸고 맛있다. 매우면서도 단 맛이 우리나라 사람들 입맛에 어느 정도 잘 맞는다. 주로 중국 문화와 태국 고유의 문화가 뒤섞여 만들어지는 음식은 태국 정부의 적극적인 뒷받침에 힘입어 세계적으로 경쟁력 있는 음식으로 자리 잡았다. 꾸이띠요로 불리는 태국식 쌀국수와, 볶음밥은 꼭 먹어봐야 하는 음식이다. 우리 입맛에 잘 맞아 태국을 떠난 뒤에도 생각이 나는 음식이다. 태국의 토속 맛을 꼭 보고 싶다면 우리의 김치찌개쯤에 해당하는 똠얌꿍을 권하고 싶다. 팍치라고 특유의 향이 있어서 한국 사람들은 대개 질색을 하지만, 우리 음식 추어

탕의 향초냄새와 비슷하다고 해서 무척 좋아하는 이들도 있다. 이 음식을 먹어야 모기에 잘 안 물린다고 알려져 있다. 태국에 오래 사는 한국 사람들은 감기기운이 돌면 **똠얌꿍**먹고 잠 푹 자면 감기가 떨어진다고 할 만큼 몸에 좋은 음식이다. 동남아 국가들에 사스비상이 걸렸을 당시에 유독 한국과 태국에서는 발병이 없던 적이 있었다. 그 이유로 한국 사람들은 김치를 먹어서 그렇고 태국 사람들은 똠얌꿍을 먹기 때문에 사스를 면했다는 소문이 날 정도이니 태국여행 시 한 번 시도해볼 가치는 충분한 음식이리라.

태국인의 미소 또한 좋은 관광자원임이 틀림없다. 외국인들에게 늘 환한 미소를 던지는 태국 사람들은 낯선 이에 대한 경계심을 앗아갈 정도이다. 일찌감치 외래문물에 나라를 개방해서 인지 태국인들은 외국인들에게 태생적으로 친절한 듯하다. 더욱이 나라 전체가 관광객으로 먹고사는 데 정책초점이 맞춰져 있다 보니 외국인들에게

훈련된 친절이 몸에 배어있는 것 같다. 호텔커피숍에서 손님에게 주문받을 때나 거스름돈을 가져다주며 무릎 꿇고 시중드는 여종업원 모습은 신선한 충격이 된다.

아무리 즐길거리, 먹거리, 볼거리가 충분해도 비싸면 그림의 떡일 것이다. 하지만 우리나라 관광객들에게는 아직 태국 물가는 만만하다. 택시비가 그렇고 팁이 그렇고 숙박비가 그렇고 음식비가 만만한 것이다. 값싸게 선물거리를 살 곳도 많다. 특히 짜투짝 시장은 태국에 거주하는 내국인이나 외국인이 맘먹고 주말에 한 번 씩 찾는 시장이다. 우리나라 청계천이나 남대문 시장처럼 돈으로 살 수 있는 것은 다 있다고 할 만큼 규모가 크다. 물건 값이 무척 싸고 흥정하는 맛이 있어서 대량으로 물건을 구입하기에 적합한 곳이다. 거래가 금지되어 있는 동식물들이 불법적으로 거래되는 곳으로 세계적으로 유명해 신기한 볼거리를 많이 제공한다. 이래저래 태국은 관광객들을 강렬하게 유혹하는 나라다.

만만함의 여유?

필자는 방콕에 살면서 직업상 출장을 자주 다녔다. 인근 동남아 국가들뿐만 아니라 멀리 인도대륙과 중동권 국가들까지 갔다. 그런데 방콕에만 오면 유독 편안함을 느끼곤 했다. 물론 가족들이 있었기 때문이리라. 하지만 그것만으로는 설명이 다 되지 않는다. 한국에 살며 여행을 많이 다녀본 이들 가운데도 매년 휴가 때면 방콕을 찾는 태국광(?)들이 의외로 많다. 아마도 태국만이 주는 특유의 느긋한 안온함 때문이 아닌가 싶다. 필자의 생각에는 이 뭔가 말로 표현할 수 없는 편안함을 주는 실체를 가꾸기 위해 태국은 정부 차원에서뿐만 아니라 국민 전체가 끊임없이 노력한다고 생각한다. 그리고 그

편안함을 필자는 '만만함'이라는 말로 정의해본다.

그렇다. 태국은 만만한 나라이다. 적어도 관광객들에게는 말이다. 태국 땅에 발을 딛자마자 마주치는 태국 사람들의 첫인상부터가 만만하다. 가무잡잡하고 작아 만만해 보이는데 미소까지 짓는다. **태국 사람들은 여자나 남자나 잘 웃는다.** 그저 특별한 이유 없이 외국인만 보면 속으로 무슨 생각을 하던 간에 무조건 미소 짓는다. 그래서 '미소의 나라'라고 하지 않는가? 태국인들에게는 외국인들 맘을 편안하게 해주는 무엇이 있어 보인다. 아마도 일찍부터 외래 문물에 개방된 탓이고 관광 덕분에 먹고 사는 이치를 체감으로 깨달은 탓이 아닌가 싶다. 같은 미소라고 해도 필리핀 등지에서 느껴볼 수 없는 순진함이 배어 있다. 그래서 경계심보다 긴장을 풀어주게 하는, 한 마디로 '만만함'을 느끼게 하는 것이다.

택시를 타면 택시요금이 또한 만만하다. 기본요금 35바트(1바트에 38원)인데 공항에서 시내까지 만 원도 안 한다. 호텔에 도착하면 짐을 들어다준 이에게 팁으로 20바트면 족하다. 1달러도 안 되는 돈에 진심으로 고마운 마음을 담아 보내는 듯하다. 호텔 보이의 미소를 대하면 이 또한 만만함인 것이다.

호텔에 들어가 보면 만만함이 또 있다. 세계 어느 곳 호텔과 견줘 손색없는 훌륭한 호텔시설은 사실 숙박비가 최소 백 달러에서 2백 달러 이상 할 텐데 이는 호텔의 규정요금일 뿐이고 이런 호텔이 여행사 통해서 들어가면 3만 원에서 6만 원 정도면 하루 근사하게 머물 수 있는 것이다.

호텔 밖으로 나오면 주변에 널린 마사지 업소가 또한 만만하다.

피곤한 몸을 내맡겨놓으면 2시간을 꽉 채워 정성껏 몸 전체를 샅샅이 주물러 완전히 피로회복을 시켜놓고선 받는 돈이 팁까지 포함해도 2만 원에서 약간 더한 정도다. 이 또한 만만하다.

골프장에 가보면 30도가 넘는 뙤약볕에 온종일 라운딩을 하는 것을 도운 캐디에게 팁이 우리 돈으로 만 원이 안 된다. 그래서 골프클럽 챙기는 캐디에 또 한 캐디는 우산을 씌워 주는 캐디까지 고용하는 호사를 누리곤 하는 것이다. 이 또한 만만하다.

만만함은 태국 물가뿐이 아니다. 사람관계가 그렇고 교통신호가 그렇고 사람 사는 사회의 규칙이 매사가 자로 잰 듯한 까탈스러움보다는 여유가 있는 것이다. 매사에 조급해야 하고 그래서 서로를 규제하는 규칙을 만들어 놓고 규칙준수 여부를 매몰차게 따져서 징벌을 주는 선진사회의 야박함은 아직 이 나라 사회의 지배코드는 아닌 것이다. 차를 운전하다 유턴할 곳을 찾지 못하고 좌회전할 곳을 찾지 못하면 적당히 만들어서 하든가 해도 신호위반하는 차에 양보하며 미소마저 보내주는 나라이니까 말이다. 설혹 교통경관에 적발되어도 말만 잘 하면 그냥 보내주기도 하고 경우에 따라서는 몇 천 원 정도의 뇌물(?)이 아직은 통하기도 하고 그래서 이 또한 만만한 것이다.

그렇다고 해서 태국이 후진국의 전형 같은 것은 아니다. 태국은 선진국 못지않게 시스템이 잘 갖추어져 있다. 이 점이 관광지만 선진화되어 있는 이웃 인도네시아와 필리핀 같은 동남아 다른 나라들과 결정적으로 다른 점이기도 하다. 일찍부터 외국인들이 많이 와서 사는 까닭에 이들에 맞게끔 인프라가 잘 구축되어 있는 것이다. 국제학교 체제는 해외에 세일즈를 나설 만큼 잘 갖추어져 있다. 통신 시스템이

나 위기 시 찾게 되는 병원시설 등이 외국인에게 불편이 없을 만큼 잘 정비되고 발전되어 있는 것이다. 특히 외국인 환자들이 주로 찾는 사립병원의 경우는 그 시설은 물론이고 의료진 대부분이 미국에서 공부를 하고 돌아온 경우가 많다. 의술수준이 선진국 수준과 견주어도 손색이 없는 것이다. 병원 운용도 해외에서 전문 경영인을 스카우트 해 운용할 만큼 시스템적으로 앞서 있다. 세계적으로 유명한 범룽랏 병원의 경우 환자의 1/3이 세계 190개국에서 몰려올 정도이다. 선진국 의료수준에 가격은 선진국의 1/3도 안 되는 가격이라 하니 이 또한 만만한 것이다.

그러나 무엇보다 태국이 만만한 까닭은, 관광객을 왕처럼 모시려 하는 이 나라 관광정책 때문이다. 그리고 그런 정책에 호응해 적어도 외견상으로는 외국인을 제왕처럼 섬기려 하는 태국인들의 외국인 환대 태도 때문이다. 물론 태국에 와서 살며 이 나라에서 돈을 벌어먹고 살려하는 순간 그래서 태국인과 경쟁을 해야 하는 처지가 되면 상황은 180도로 변하게 된다. 정부 정책이나 태국 민들의 인심이나 외국인들에게 그렇게 배타적이고 자기들끼리 싸고돌도록 구조적으로 되어 있기 때문이다. 하지만 관광객이요 자기들에게 도움을 주는 외국인이라면 자기들을 상대로 만만한 우월감은 얼마든지 느껴도 좋다 하는 듯하다. 결국 이 모든 만만함 때문에 이 나라를 찾는 관광객이 매년 2천만 명이 넘는다고 하면 너무 단순한 비약일까?

8백 원에 제왕대접?

여행 다닐 때 처음 가는 나라일 경우 은근히 신경 쓰이는 것이 팁 문화일 것이다. 특히 인정 많은 한국 사람들인지라 팁을 안주고는 못 배기는(?) 경우가 대부분이기 때문에 더욱 그러리라 싶다. 결론부터 이야기하면 태국에서의 표준팁 액수는 우리 돈으로 8백 원이다. 흔히들 동남아 나라의 경우 팁이 1달러 정도 되겠지 하고 주는 경우가 많을 것이다. 하지만 태국에서는 달러를 태국 돈인 바트화와 환전하면 30바트를 주는데 이 중 20바트만 주면 호텔에서는 OK이다. 아침에 잠자고 나올 때 머리맡에 20바트 지폐 한 장 놓으면 되고, 심부름 해준 웨이터에 20바트면 정말 감사해 한다. 장보고 와서 차에서 잔뜩 짐을 내리면 아파트 경비원들이 친절한 미소를 지으며 달려와 기꺼이 짐을 들어 운반해 주는데 20바트만 주면 콥쿤캅(감사합니다)하며 두 손을 모으는 것이다. 웬만한 곳 웬만한 상황에서는 20바트이면 팁은 만사 OK이다. 물론 골프장이나 주점가등에서는 또 다른 상황이다. 지출이 큰 만큼 팁의 액수도 달라진다. 골프장에서는 경기가 끝난 뒤 캐디에게 200바트를 주면 되고 주점에서는 팁이 시간제로 계산되기 때문에 정해진 대로 주면 된다. 더 주고 싶으면 100바트 단위의 돈을 팁으로 주면 무리가 없다.

그럼에도 처음 와 본 **태국주점**에서 기분 좋다고 100달러 꺼내주며 호기부리는 한국인들이 적지 않다. 골프장에서 라운딩 내내 이따금 가벼운 안마까지 해주는 캐디서비스에 뿅 가버려 100달러 짜리를 예사로 꺼내주는 한국인들도 더러 있다. 함께 한 태국 사람이나 태국에 거주하는 사람을 놀라게 할 뿐만 아니라 팁을 받는 캐디나 아가씨들도 기겁을 할 일이다. 하기야 해외 여행할 경우는 씀씀이 단위가 달라지는데다가 웬만하면 100달러 정도는 쓰는 우리네 배포인지라 무리가 아닌 것 같기도 하다. 하지만 이런 경우는 기분 좋아서 호기 한 번 부렸다가 자신도 모르는 사이에 현지인들을 대단히 곤란하게 만드는 질서파괴범(?)이 되고 있음을 유념할 필요가 있다.

팁 문화가 발달해 있으면서 팁 단위가 비싸지 않은 것은 인건비가 싼 때문이다. 태국에서는 인건비가 싼 대신에 어느 곳에서든 사람을 지나치다 싶을 만큼 많이 고용한다. 외국인 주거 아파트의 경우는 입구가 한 곳뿐인 아파트 경비실에 경비 2, 3명이면 될 것 같은데도 경비가 수십 명씩 된다. 식당을 가도 보통의 경우보다는 사람을 많이 쓴다. 종합병원을 가면 차 문을 열어주는 서비스를 해주는 사람이 따로 있다.

필자가 본 사람 많이 쓰는 경우의 가장 극적인 예는 세차장이다. 방콕에서는 인건비가 싼 까닭에 기계세차장을 보기 힘들다. 대부분 손세차하는 곳인데 일손이 정말 많다. 필자의 지프를 세차하는 데 9명이 달려들어 순식간에 끝내고 만다. 어린소년에서 중년남녀까지

걸레를 하나씩 들고 차 곳곳에 달라붙어 이러 저리 닦아댄다. 그야말로 가관이고 진풍경이다. 걸레질을 마친 13, 4살쯤 보이는 소년에게 물어보았다. 소년은 오전 7시에서 저녁 7시까지 일하고 한 달에 2천 5백 바트, 우리 돈으로 10만 원이 안 되는 돈을 받는다고 했다. 또 다른 소년은 2천 7백 바트를 받는단다. 장년의 여인에게 물어보니 근무한 지가 오래되어서 4천 5백 바트를 받는다고 한다. 매니저에게 물어보니 30명 정도의 인력을 쓰는데 적게는 8만여 원에서 많게는 15만여 원을 지급한다고 한다. 기계세차는 초기투자비가 많이 드는 까닭에 아예 꿈도 안 꾼다고 한다. 이처럼 아직은 인건비가 싸서 기계보다 사람을 쓰는 까닭에 태국의 실업률은 1%대에 머물 정도로 양호하다.

태국여행 바가지 안 쓰는 법

흔히 태국여행하면 값싼 패키지여행의 대명사처럼 알려져 있다. 정말 싸긴 싸지 않나? 지금 당장 신문을 펼쳐 살펴보면 3박 5일에 50만 원만 주면 방콕과 파타야 등을 맘껏 구경할 수 있는 광고들을 얼마든지 찾을 수 있지 않은가? 왕복 비행기 값도 안 되는 가격에 근사한 호텔에서 잠자고 하루 3끼 다 먹여주고 관광지 입장료까지 다 포함되어 있다. 여행안내까지 포함되어 있으니 환상적인 조건이다. 실제로 광고대로 그럴까? 결론은 '실제로 그렇다'이다.

하지만 함정이 있음은 알 만한 사람은 이제 누구나 다 안다. 바로 '옵션(선택)'의 함정이다. 이 함정에 걸려들기 때문에 태국에 올 때는 분명 값이 쌌는데 태국 떠날 때쯤에는 배보다 배꼽이 더 커지는 것이다. 값싼 여행일수록 기본적인 여행경로 이외에 추가로 돈을 더 내는 옵션품목이 많다. 옵션인 만큼 말 그대로 해도 그만 안 해도 그만이지만 옵션하지 않을 수 없게끔 되어 있다. 모처럼 아이들 데리고 놀러 왔는데 옵션이 돈 들어간다고 안하는 가장이 있겠는가? 파타야에 가면 아이들이 제일 좋아하는 것이 sea walking(바다 속 걸어가기)인 데 이것 한 번 하는데 1인당 60달러이다. 아이 둘에 아빠,

엄마 함께 즐기면 240달러가 훌쩍 날아간다. 그 외에 파라세일링이나 바나나보트 타려면 각각 10달러를 내야 하고 제트스키는 20달러를 받는다. 아이들이 타자고 조르는 **수상스포츠** 몇 가지 즐기고, 여행 가이드들이 으레 안내하는 쇼핑 점에서 몇 가지 물건 사고 나면 정말 배보다 배꼽이 커지는 것이다. 여행을 마치고 돌아갈 때쯤이면 값싼 여행이 결코 아니라는 것을 알게 되기 때문에 뭔가 속은 느낌도 들고 찝찝하기 그지없는 것이다. 처음부터 비용이 비싸면 각오라도 하고 가니 뒤끝이 없는 여행이 되는데 값싸다고 기분 좋게 갔으니 올 때는 기분엉망일 수밖에 없다. 간혹 돈 아낀다고 작심하고 옵션을 빼는 경우가 있기는 하다. 이 경우 가이드 눈총이 보통 아니다. 가이드들이 맡은 팀 전체가 이런 식이면 가이드 팁은 고사하고 여행사가 적자를 볼 수밖에 없기 때문이다. 이런 경우 가이드가 여권을 안 돌려주고 협박한다거나 팁을 강요한다던가 하는 불미스러운 사례가 발생하는 것이다.

태국여행은 왜 이렇게 밖에 안 되는 것일까? 이를 피할 수 있는 방법은 없을까? 이에 대한 대답을 하기 전에 태국여행의 구조를 살펴볼 필요가 있다. 태국여행은 왕복 비행기 값에 호텔비, 하루 세 끼 식사다 비용을 합치면 최소한 100만 원이 기본적인 여행경비가 되어야 한다. 이 값을 받아야 옵션 없이 품위 있는 여행을 보장할 수 있는데 경쟁이 심하다 보니 한국에서 덤핑여행사들이 난립해 있다. 이들은 일단 50만 원짜리 상품을 팔아서 모객한 뒤 무조건 태국으로 보낸다. 태국에 제휴되어 있는 여행사에는 여행경비 한 푼도 안주는 경우가 많다. 이럴 경우 태국에서 손님 받은 여행사는 손님들로부터 적자도 만회하고 이익까지 내는 마술을 부려야 한다. 결국은 손님으로부터 옵션상품을 많이 팔고 쇼핑에서 많이 남겨야 하는 것이다. 그러다보니 관광객들에게만 받는 터무니없는 바가지요금이 형성되어 있는 것이다. 이를테면 현지여행자일 경우 4달러 받는 바나나 보트나 낙하산 타기는 관광객에게 20달러 받고 한국인들이 많이 찾는 가오리 가죽제품 지갑의 경우 8달러에서 17달러하면 사는 것을 관광객들에게는 30달러에서 70달러로 파는 것이다. 꿀의 경우는 어떤가? 3달러면 사는 꿀이 25달러에 20달러짜리 로열젤리는 140달러에 팔고 있다. 태국당국은 관광객을 상대로 한 물품의 경우 약간 비싼 것을 용인하면서도 최고 3배 이하로 유도하고 있다. 하지만 한국관광의 경우 최소한 4배에 8배까지 비싸게 받고 있어서 이따금 한국관광업소 단속에 나선 태국관광경찰이 실상을 알고는 한국인들 해도 너무한다는 반응이다.

왜 이토록 바가지요금이 형성되어 있는 것일까? 가이드 팁 때문이다. 업소에서도 본전 뽑고 남겨야 하는데 가이드에게 주는 돈이 무려 물건 값의 50~60%에 달한다. 왜 이렇게 가이드 팁이 많은가? 가이드들도 앞에서 언급한 대로 여행 기본경비 차액을 뽑아야 하기 때문이다. 관광상품업소에서는 손님을 유치하기 위해 관광버스를 여행사에 무료로 제공한다. 그 대가로 가이드들은 손님들을 관광버스 제공업소로 안내하는 유착구조가 형성되어 있는 것이다. 여행코스로 잡혀 있는 업소에 일단 손님이 들어오기만 하면 업소종업원과 가이드의 능란한 화술과 그럴싸한 맛 시범 등 데몬스트레이션에 혹해 물건을 사지 않고는 못 견디게 만든다. 이 같은 유착구조에서 형성된 바가지 물건을 파는 장사가 떳떳할 이가 없다. 그래서 파타야로 가는 도로변에 있는 한국 관광상품업소는 한결같이 바깥에서 안을 잘 들여다 볼 수 없도록 되어 있다. 일반 관광객이나 교포들을 상대로 하는 장사가 아닌 오직 현지물정 모르는 관광객만 상대로 하는 가게인 것이다. 그래서 가게정체를 살피기 위해 오는 기자 등의 불청객이 오지 않을까 감시의 눈초리도 심하고 사진 촬영을 할 수도 없다. 이런 식의 바가지 물건을 팔아서 가장 이익을 많이 남기는 경우가 한약쇼핑이다. 만병통치처럼 은근히 자랑해 대는 약 선전에 모처럼 해외 여행길에 나선 순진한 할아버지 할머니들은 혹하기 마련이다. 한약방에 그럴듯한 중국인 한의사가 진맥까지 해주면 더욱 믿어 의심치 않게 되고 비상금으로 가져온 수십 만 원 혹은 수백 만 원을 기꺼이 약값으로 지불한다. 하지만 기대하는 약효가 있을 리가 없다. 이런 식으로 구매하는 한약이나 뱀탕은 모두 가짜이자 기대하는 약효가 없다고 생각하면 틀림이 없을 것이다.

태국에서는 물건 값에 현지 교포들을 위한 가격이 따로 있고 관광객에 받는 물건 값이 따로 있다. 이런 관행을 현지교포들도 알 만한 사람은 다 알기 때문에 잘못된 관행에 대한 막연한 미안함이나 부채의식을 갖고 있기도 하다. 때로는 이런 관행의 청산에 열을 올리는 목소리도 있다. 2003년 한때 동남아 일대에 발병한 사스로 인해 관광객이 급감하자 교민회를 중심으로 대책마련에 나선 적이 있다. 이 때 덤핑관광 청산문제가 진지하게 검토된 적이 있다. 관광객이 들어와도 덤핑관광으로 인한 적자로 여행사가 버티기 어려우니 차제에 돈 제대로 받는 건전 관광풍토로 뒤바꾸고 덤핑관광의 불명예도 씻어보자는 취지였다. 하지만 논의만 무성했지 교민회장의 열성과 의지에도 불구하고 실현가능성에는 누구도 동조하는 사람이 없었다. 왜냐하면 교민사회와 대사관이 나서서 해결하기에는 유착구조의 뿌리가 너무 깊고 구조적이며 광범위하기 때문이다.

문제는 한국에서 관광객 모집해서 태국으로 보내는 여행사에서 값싼 관광상품을 팔지 않아야 하는데 이게 원천적으로 불가능한 것이다. 여행사 입장에서는 때로 손해가 나도 값싼 관광상품을 팔아야 하는 이유가 있다. 그렇게 해야 항공사와 원만한 관계가 유지되기 때문이다. 성수기에는 비행기좌석 확보가 여행업 성패를 좌우하는 일이다. 항공사 입장에서는 비수기에 관광객을 태워 보내는 여행사가 절실히 필요하니 이래저래 서로의 필요에 의해서 덤핑관광객이라도 모집해서 보내야 하는 상황이 조성되는 것이다.

그래서 덤핑관광의 경우 싼 돈 주고 설레는 마음으로 여행은 떠났지만 태국 땅에 발을 디디는 순간부터 본인도 모르게 일종의 인질 비슷한 상황이 된다. 여행지마다 가이드의 눈치를 보지 않을 수 없는 심리적 불편함도 겪게 된다. 관광객들은 정해진 여행코스를 다니며 옵션을 하거나 쇼핑 관광 등을 통해 매상(?)을 올려줘야 하는 일종의 상품이 되어 버리는 까닭이다. 사실 태국에 사는 사람들에게 이 점은 가장 당혹스런 일중 하나이기도 하다. 한국에서 여행 오는 친구나 친지들에게 별로 도움을 주지 못하기 때문이다. 덤핑관광으로 온 친지나 친구를 잠깐 만나서 저녁이라도 먹으려면 가이드의 허가(?)를 구하지 않을 수 없는 것이다. 가이드들이야 상품(?)이 코스를 벗어나는 것을 아주 싫어하기 마련이다. 코스 밖으로 가면 바가지 물건 값의 실상을 태국거주자로부터 들어 알게 될 가능성이 많은데다가, 매상을 올릴 기회를 놓치기 때문이다. 그런 까닭에 여행 온 친구나 친지를 하루 밤 같이 잘 수 있도록 단체여행 코스에서 하루만 빼달라는 요구는 터무니없이 무리한 요구가 된다. 가이드가 전혀 들어줄 수 없는 아이러니한 상황이 발생하는 것이다. 요즘은 이런 상황을 현지 거주인들도 아는 까닭에 여행사나 가이드 장사 망치기 십상인 요구를 하지 않는다. 이래저래 태국여행은 덤핑관광에 바가지 물건 값의 구조적 악순환을 벗어나기 어렵게 되어 있다. 이런 상황에서 덤핑단체 여행가는 관광객이 결국 돈 아끼려면 무조건 옵션 안 하면 되고 쇼핑코스에서 물건 안 사면 되긴 한다. 이런 경우 같이 간 다른 관광객들이 옵션하고 물건사서 매상 많이 올려줄 경우 그 사람들에게 무임승차(?)하는 신세를 지게 되는 것이다. 만일 단체 전체가 정말 옵션 하나도 안 하고 물건 하나도 안 사면 정말 여행사나 가이드는 자기 돈으로 적자를 메워야 하는 신세가 된다. 그런데도 갈수록 옵션 안 하고 물건 안 사는 알뜰 관광객이 늘어나고 있어 태국여행사들 고민이 이만저만 아니다.

그런데 옵션 안 하면 무슨 재미로 여행을 다니냐고 묻는 사람도 있을지 모르겠다. 그 답은 자립하라는 것이다. 옵션이라는 게 결국 현지 정보를 모르는 것을 악용해 형성된 관행인 만큼 스스로 이 틀에서 벗어나면 바가지를 쓸 이유가 없다. 예를 들어 여행의 피로를 말끔히 풀어주는 1시간짜리 **태국전통안마**는 가이드 따라 단체관광에 나설 경우 40달러를 내야 한다. 하지만 호텔문밖에만 나서면 지천으로 널려 있는 마사지가게 입구 간판을 보면 1시간짜리 전통안마에 400~500바트(1달러는 30바트)안팎으로 영어와 한문글씨로 씌어 있음을 쉽게 알아볼 수가 있다. 그냥 들어가서 쭉 누워서 편한 맘으로 2시간 동안 정성들여 주물러주는 안마서비스 받고난 뒤 씌어 있는 대로 요금주고 팁으로 50~100바트 정도 주고 나오면 된다. 합해서 450~550바트 정도 드는 비용이니 20달러가 약간 안 되는 돈이다. 쇼핑도 가이드가 안내하는 쇼핑가게에서 안하고 일과 후 쇼핑코스를 정해 놓고 택시타고 갔다 오면 된다. 한국인들에게 값이 합리적이고 깔끔한 면으로 만든 생활용품으로 유명한 나라야(방콕 시내에서는 엠포리엄 백화점 옆 등 몇 군데 있음)라든지 없는 게 없다는 **짜투짝 시장**을 가면 **민예품이나 토속품** 등 온갖 선물용품을 다 살 수가 있다.

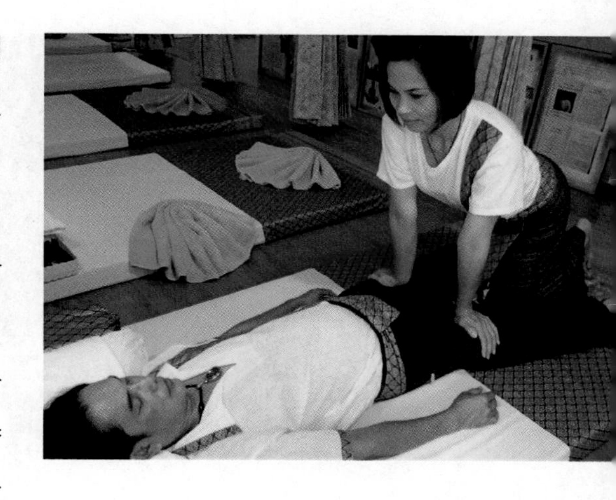

방콕에서 택시비 기본요금이 35바트(1바트는 38원)로 싸기 때문에 택시를 타고 친구와 물어물어 찾아가는 재미도 있는 것이다. 다만 택시를 탈 때 주의해야 할 점은 관광객만 보면 이상한 그림책을 보여주면서 근사한 아가씨가 나오는 술집을 안내해 준다던지 성을 파는 곳으로 안내해주겠다고 유인하는 운전사 말은 절대 듣지 말라는 것이다. 바가지로 가는 지름길이니까 말이다. 이런 저런 위험을

피하고 싶고 귀찮으면 그저 가이드를 따라 다니면서 기본적인 여행 즐기는 것이 상책이다. 위험부담도 없고 옵션이나 선물은 적당한 수준에서 알아서 판단해 경비부담을 줄이면 될 것이고 그래도 태국여행은 패키지관광이 가장 돈이 적게 들어가는 방법이다. 만일 독자적으로 관광하려면 비행기요금이나 호텔요금 그리고 각종 입장세에 할인혜택이 없는 까닭에 패키지관광보다 훨씬 많은 비용이 들어간다. 필자 입장에서는 패키지관광으로 간 뒤, 가 볼 곳에 대한 약간의 사전지식과 여행 책자, 지도 그리고 간단한 영어로 적절하게 자립을 시도하면 돈이 가장 적게 들어가지 않을까 싶다. 물론 약간의 모험을 하는 스릴 만점의 여행 즐거움도 더할 수 있으리라. 참고로 태국여행 시 태국물가를 감 잡기 쉽도록 다음 물가표를 소개한다.

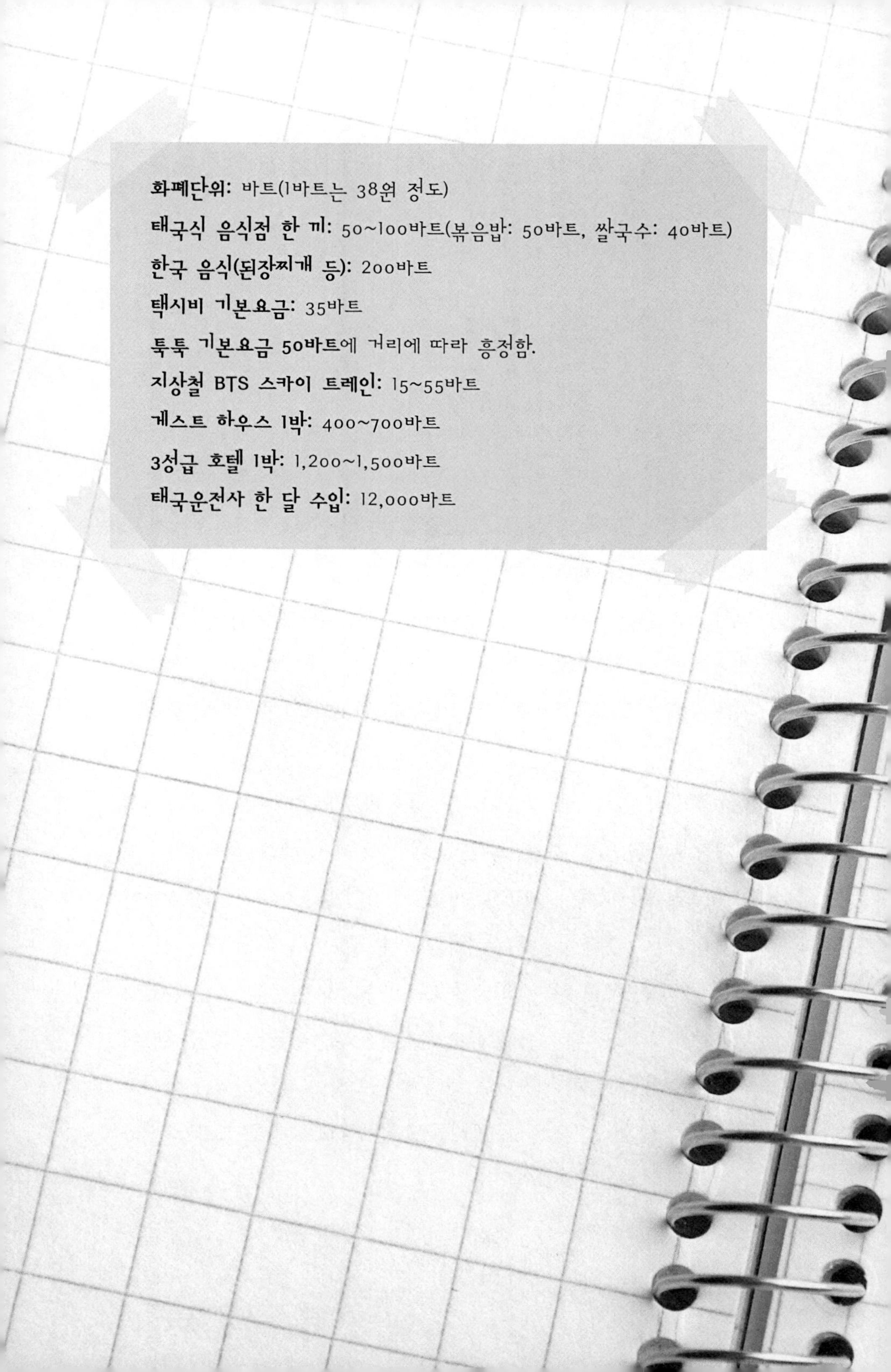

화폐단위: 바트(1바트는 38원 정도)

태국식 음식점 한 끼: 50~100바트(볶음밥: 50바트, 쌀국수: 40바트)

한국 음식(된장찌개 등): 200바트

택시비 기본요금: 35바트

툭툭 기본요금 50바트에 거리에 따라 흥정함.

지상철 BTS 스카이 트레인: 15~55바트

게스트 하우스 1박: 400~700바트

3성급 호텔 1박: 1,200~1,500바트

태국운전사 한 달 수입: 12,000바트

태국의 영어 팔아먹기- 국제학교 마케팅

태국은 확실히 우리보다 후진국이긴 하다. 하지만 국제화 측면에서는 우리보다 앞서가는 나라이다. 우리가 구한말 일 제국주의의 마수에 걸려 헤맬 때에 태국에서는 걸출한 군왕이 나와 절묘한 외교술로 국가 독립을 보존한 덕분이다. 일찌감치 선진문물에 나라를 개방했으면서도 침탈의 피해를 피해간 것이다. 그래서 일찍부터 외국인이 살기에 편하게 사회 인프라가 발달되어 왔다. 주재하는 외국인 수가 많아지다 보니 이들 자녀들 교육을 위한 국제학교가 자연스레 발전해 왔다.

태국의 국제학교 역사는 50여 년이나 된다. 특히 1997년 IMF 이후 세계적 추세를 읽고 경쟁력 있는 국제학교를 육성하기 위한 정부차원의 지원정책을 펴왔다. 지금은 영어권 국가인 홍콩이나 싱가포르보다 국제학교의 수준이 앞선다는 평가를 받을 정도이다.

방콕에서는 매년 한 번씩 국제학교 박람회가 열린다. 이날에는 대부분의 국제학교들이 참가해 학교 홍보관을 만들어 놓고 학교 자랑에 열을 올린다. 박람회 기간에는 방콕에 거주하는 외국인뿐만 아니라 태국 중산층 이상 사람들이 몰려들어 국제학교 상품을 고르느라 분주하다. 태국에서는 우리와 달리 국제학교가 내국인에게도 개방되어 50%까지는 내국인을 받아들일 수 있게 되어 있다. 한 마디로 자녀들 영어교육 시킨다고 해외로 유학을 보내 외화낭비하지 말고 국내에서 합리적인 학비의 국제학교 보내라는 취지이다. 중산층의 폭발적인 인기를 얻어 태국에서는 국제학교 장사가 그만큼 잘 되는 까닭에 우후죽순처럼 국제학교가 늘어나고 있다. 방콕에만 80여 개의 국제학교가 있고 태국 전역으로 치면 150여 개나 될 정도로 국제학교가 많다.

그만큼 선택의 폭도 넓다. 학비가 1년에 500만 원하는 저렴한 학교부터 5,000만 원을 웃도는 영국계 귀족학교에 이르기 까지 다양하기 때문이다. 학교의 차이는 전통이나 시설 차이이고 결정적으로는 교사자격이 있는 네이티브 스피커가 얼마나 많으냐에 달려 있다. 같은 영어에 발음차이가 없다하더라도 영국이나 미국 선생이의 숫자가 많을수록 좋은 학교로 학비가 비싸다. 또 필리핀 선생의 비중이 높으면 학비가 싸 선생의 국적별 비중이 학교의 레벨을 결정한다고 보면 된다. 수천만 원씩 하는 학교는 시설이 웬만한 대학 빰칠 만큼 시설이 잘 되어 있다. 비싼 학교의 경우 특별활동 수업이 보다 짜임새가 있다는 장점이 있긴 하지만 비싼 학교나 값싼 학교나 영어 배우는 데는 별 차이가 없다. 모든 국제학교가 영어로 전 과정을 수업하는데 영국식 학교와 미국식 학교 두 종류가 있다. 자녀를 국제학교에 보내면 일차적으로 영어를 완벽하게 익힐 수 있는 기회를 갖는다.

여기에다 방콕은 국제도시답게 외국인들이 많이 있어 국제학교에 모든 국적의 학생들이 다 몰려 있다. 자연스레 학생들이 일찍부터 타국 문화를 이해하며 국제 감각을 익히고 세계시민으로 성장시킬 수 있는 최적의 환경이라는 점은 확실히 한국의 국제학교와는 차별된다. 그래서 방콕의 국제학교에는 일본이나 이웃 동남아 국가에서 유학을 오는 아이들이 많아지고 있다. 국제학교 장사가 보통장사가 아님을 간파한 태국 정부가 국제학교 인가조건을 완화해주는 등 정책적인

뒷받침을 해 줄 뿐만 아니라 외국에까지 나가서 국제학교 세일에 나선 결과인 것이다.

번잡한 방콕뿐만 아니라 태국 제2의 도시 치앙마이에도 국제학교가 10여 개나 된다. 국제학교마다 한국 학생들도 많아지고 있는데 치앙마이에 있는 아시아 퍼시픽 국제학교의 경우에는 한국에서 온 학생들이 기숙사생활을 하고 있다.

최근에는 은퇴이민의 최적지 중 하나로 꼽히고 있는 치앙라이에도

국제학교가 생겨 급성장하고 있다. 치앙라이는 치앙마이에서 더 북쪽으로 3시간 정도 자동차로 더 가는 곳이다. 미얀마와 라오스의 접경지로 과거 아편생산의 대명사인 골든트라이앵글이 있는 곳으로도 유명하다. 이곳에 신설된 국제학교는 **치앙라이 국제학교**이다. 한국의 교회에서 선교차원에서 설립한 학교인데, 개교 2년 만에 태국

북부지역 최고 국제학교 모델로 선정될 만큼 급성장하고 있다.

인근 도시의 국제학교에서 벤치마킹을 하러 올 정도라는데 비결이 뭘까? 운동장에 최고급 잔디가 깔려 있을 만큼 시설이 좋은데다가 우수한 선생님들이 많기 때문이라고 한다. 그런데도 학비는 비슷한 수준의 국제학교에 비해 1/3정도밖에 안 되는 것이 결정적인 듯하다. 신설학교이기 때문에 학비를 대폭 낮췄다고 학교운영을 책임지고 있는 현지 선교사의 설명이다. 2012년으로 3년째인데 학생 수가

벌써 150명이나 된다. 우수한 국제학교로 점차 소문이 나면서 인근 미얀마나 라오스에서까지 상류층의 자제들이 유학을 오고 있다고 한다. 더욱이 최근에는 한국의 한동대학교와 MOU(양해각서)를 체결하고 상호협력을 확대해 나가는 중이다. 참고로 인터넷에 올라있는 이 학교의 학비를 소개하면 다음과 같다(2012년 8월 기준).

〈1~3학년의 학비〉

①원서비: 2,200바트
②입학금: 50,000바트
③책 예치금: 25,000바트
④annual fee(1년 치 수업재료비): 25,000바트
⑤tuition fee(한 학기 수업료): 71,700바트
⑥한 학기 식대: 12,000바트
⑦학생 상해보험료: 350바트
⑧학생카드: 150바트
⑨유니폼: 2,590바트
총 188,990바트

〈4~6학년의 학비〉

①원서비: 3,000바트
②입학금: 50,000바트
③책 예치금: 25,000바트
④annual fee(1년 치 수업재료비): 25,000바트
⑤tuition fee(한 학기 수업료): 82,700바트

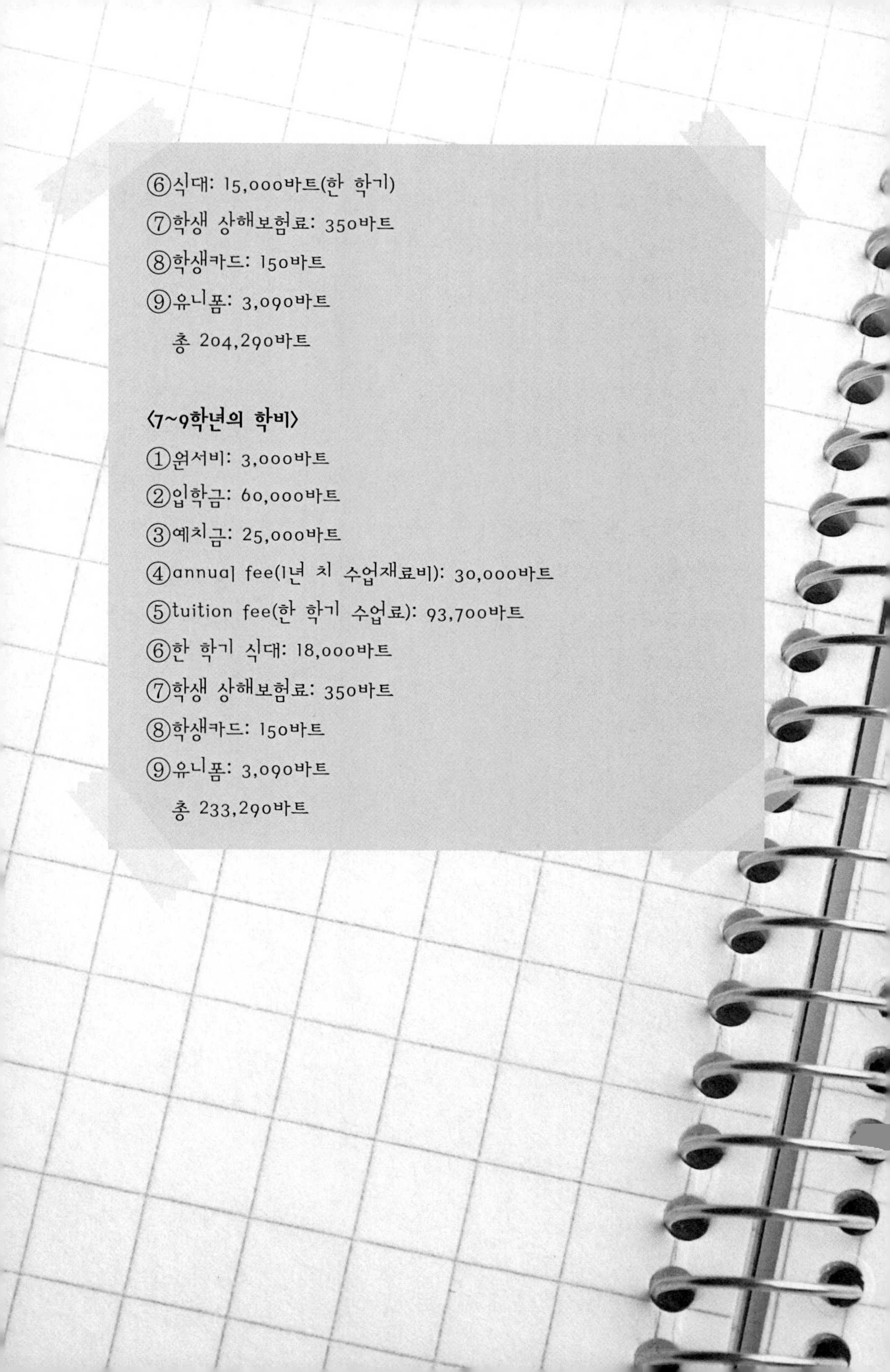

⑥식대: 15,000바트(한 학기)

⑦학생 상해보험료: 350바트

⑧학생카드: 150바트

⑨유니폼: 3,090바트

총 204,290바트

〈7~9학년의 학비〉

①원서비: 3,000바트

②입학금: 60,000바트

③예치금: 25,000바트

④annual fee(1년 치 수업재료비): 30,000바트

⑤tuition fee(한 학기 수업료): 93,700바트

⑥한 학기 식대: 18,000바트

⑦학생 상해보험료: 350바트

⑧학생카드: 150바트

⑨유니폼: 3,090바트

총 233,290바트

그러나 무엇보다도 태국국제학교의 장점은 이웃 어느 나라보다 치안이 좋다는 것이다. 이 점이 외국인들에게는 가장 큰 매력으로 꼽힌다. 걸핏하면 테러에 납치사건이 빈발한 필리핀이나 인도네시아와는 완전히 다른 것이다. 9·11테러 이후 대테러전쟁이 진행되면서 세계 곳곳에서 이슬람의 테러가 빈발하고 있지만 아직 방콕은 비교적 안전한 곳이다. 범죄발생도 적고 경찰의 치안 유지력이 대단히 강하다. 태국에서 해외에 국제학교 홍보를 할 때 가장 중점적으로 부각시키는 것이 이 점이고 이것이 외국인들에게 가장 잘 먹혀들어가 방콕에 자녀들을 유학 보내는 학부모들이 갈수록 늘어나고 있다. 이래저래 잘되는 국제학교장사에 국제학교 수가 해마다 늘어나는 것으로 보면 정말 외국인 끌어들여 돈 쓰게 만드는 관광노하우는 우리나라보다 몇 수 위가 아닌가 싶다.

HAPPY CITY

해피씨티

치앙라이의 명물 해피시티

치앙라이는 태국 최북단지역에 위치해 있다. 태국 제2의 도시 치앙마이로부터 200km나 더 올라간다. 미얀마와 국경지역에 위치해 있고 메콩 강과 골든트라이앵글로 유명하다. 산이 없는 태국에서 치앙라이는 70% 이상이 산이다. 풍광이 무척 아름답다. 게다가 공해 산업이 전혀 없다. 천연무공해지역인 것이다. 고산지역이어서 태국의 무더위와는 날씨도 다르다. 게다가 물가수준이 방콕의 절반정도이다. 아직도 우리 돈 천 원으로 쌀국수와 냉커피 해결이 가능한 곳이다. 자연스레 외국인들에게 은퇴이민 후보지로 급부상해 온 곳이다. 네덜란드 마을이나 일본인 집단 마을 등이 조성된 지 오래이다.

이곳에 최근에는 한국인 은퇴이민촌이 들어서서 현지의 명물로 등장했다. **해피시티(happy city)**다. 치앙라이 공항에서 20분 정도, 치앙라이 시내에서는 10분 거리에 위치해 있다. 뒤로는 산이 있고, 주변으로 개울이 흐르고 있는 60만 평 부지에 29홀 골프장이 시원하게 펼쳐져 있다. 클럽하우스에서 내려다보면 전체 홀이 한 눈에 다 들어온다. 인공호수와 그린이 절묘하게 조화를 이룬 레이아웃이다. 평탄해 보여 쉬운 듯하지만 실제로 라운딩해보면 타수 줄이기가 아주 까다로운 게 묘미라는 골퍼들의 평이다. 거리도 길고 골프장 안에는 숏 게임 연습장까지 마련되어 있어서 이곳에서 전지훈련을 해본 프로지망생들은 세계 최고라는 평가를 한다고 한다. 시설도 그렇지만 치앙라이 특유의 좋은 날씨 때문이다. 인간이 가장 살기 좋은 해발 400~500m 고산지역이어서 36홀 돌고 나서도 크게 지치지 않아 야간 연습까지 가능한 때문이다. 27홀에서 두 홀 더 많은 29홀이 된 것은

골프장 관리 차원에서 나온 아이디어라고 한다.

골프장 안에는 콘도미니엄 5동, 150세대 분량이 있다. 유럽식 성채 모양으로 멋있게 지어져 있다. 최고의 자재를 써서 건축되어 치앙라이에서는 꿈의 거처로 떠오르고 있다. 5~10분 거리에는 외국인들을 위한 대형병원이 있다. 20분 거리에 치앙라이 국제학교가 있어 손자손

녀를 학교 보내기도 좋다. 은퇴이민 거주지로는 완벽한 조건이다 싶은 곳이다.

건축 경기에 관한 한 치앙라이는 희귀한 사례이다. 세계적인 불황 탓에 어느 곳을 가든 짓던 건물도 중단된 경우가 대부분이다. 하지만 치앙라이는 최근센탄 백화점이 들어선 것을 비롯해 곳곳에 신축 건물과 주택이 계속해서 들어서고 있다. 돈이 몰리고 있는 것이다.

왜 그럴까? 아시아하이웨이 2호선이 치앙라이를 지나면서 개발의 바람이 불고 있다는 것이 기본적인 분석이다. 거기다가 최근에 50년만의 최악의 홍수를 겪은 후유증도 치앙라이 붐을 부추기고 있다고 한다. 방콕에서 물난리를 겪은 부자들이 유사시를 대비해 살기 좋고 물난리 위험이 없는 치앙라이 지역 별장 마련에 앞을 다퉈 나서고 있다는 것이다.

원래 이곳은 한국의 한 교회 교인들이 선교지역에서 노후를 함께 보내고 싶은 소박한 바람에서 건축이 시작됐다고 알려져 있다. 은퇴 후에도 20~30년 이상 살게 된 시대에서는 노후가 큰 숙제이다. 경제문제도 그렇지만 무엇보다 할 일이나 소일거리가 더 문제다. 그래서 함께 신앙생활을 하던 이들이 은퇴 후에 생활비 크게 들지 않은 곳에서 함께 살면서 선교일도 돕고 함께 여행도 다니는 것이다. 개인적인 차원에서 보람이 있고 안락하게 지내면서 영과 육의 조화와 균형이 맞는 생활이 가능한 것이다. 선교차원에서 보면 현장에서 고군분투하는 선교사에게는 큰 힘이 되어 선교에 큰 진전을 볼 수 있는 것이다. 이런 차원에서 시작된 해피시티는 기본적으로 초교파적인 기독교 선교공동체나 선교훈련장을 지향하는 것으로 알려져 있다.

그런데 현지인들과 외국인들이 더 난리다. 요즘은 방문객들이 방콕에서까지 몰려들고 있다고 한다. 치앙라이 자체가 워낙 낙후해 선진국 수준의 주택 자체가 거의 없기 때문이다. 이미 치앙라이 지역에 일본마을이나 네덜란드 마을, 독일 마을 등 공동거주지를 만들어 살고 있는 외국인들까지 이주가능성을 알아보는 등 적극적인 관심을 보이면서 해피시티는 한국인이 세운 치앙라이 또 하나의 명물로 자리 잡고 있다.

메콩 강의 불구슬, 나가불

태국 동북부 소도시 농카이는 라오스와 메콩 강을 서로 마주보고 있는 강변의 소도시이다. 태국 특유의 정취가 있어 서양인들을 대상으로 한 여론조사에서 은퇴 후 제일 살고 싶은 도시 중의 하나로 꼽히고 있다. 일 년 내내 조용하고 한적한 모습이 대부분이다.

하지만 매년 10월이면 이 도시는 탈바꿈을 한다. 태국 전역에서 사람들이 몰려들어 법석을 떠는 것이다. 이 도시를 끼고 흐르는 메콩 강의 신비한 현상 때문이다. 10월 보름달이 뜨는 밤이면 메콩 강 깊은 곳에서 하늘로 불구슬이 치솟아 오르는 것이다. 불구슬은 강변에 어둠이 깔리고 보름달이 하늘에 뜨고 나면 강 전역 이곳저곳에서 시차를 두고 하나 둘 하늘로 치솟아 오른다. 불그스름한 둥근 불덩어리가 강 속에서 올라와 순식간에 허공에 치솟았다가 물거품 사라지듯이 사라진다. 여간 장관이 아니다. 밤새 하늘로 솟아오르는 불구슬은 적게는 2백여 개에서 많게는 천여 개씩 된다. 이 현상이 매년 한 차례 메콩 강변 전체지역 가운데 이곳에서만 일어나는 것이다. 이를 보기 위해 매년 이 불구슬이 나타나는 날 한 주 전부터는 태국 전역에서 50만여 명의 관광객들이 몰려든다. 도시의 모든 숙소는 동이 난다. 숙소를 구하지 못한 서민들은 절로 몰려들어 절이란 절은 온통 구경 온 사람들로 가득 차 버린다. 구슬이 오르는 보름달 뜨는 날에는 일대의 교통이 마비되다시피 한다. 강변에는 구슬을 기다리는 사람들로 가득하다.

이 **불구슬**의 정체는 무엇일까? 이 지역 사람들은 메콩 강의 수호신인 나가라는 용이 물속 깊은 곳에서 하늘로 뿜어 올리는 불구슬이라고 오래 전부터 믿고 있다. 이 불구슬 현상이 이곳 메콩 강에서 일어나기 시작한 지가 백여 년 전인데, 당시부터 사람들은 그렇게 믿어왔다. 그 믿음은 백여 년에 걸쳐 전해지면서 이제는

과학으로도 흔들기 어려운 뿌리 깊은 믿음으로 이 지역 사람들에게 자리 잡고 있다.

하지만 문명세계에서 이 말을 어찌 액면 그대로 믿겠는가? 하여 이 현상을 과학적으로 분석하여 설명해 보려는 갖가지 시도가 있었다. 한때는 태국 최고의 한 인기방송국에서 이 현상을 추적해 보는 특집프로그램을 방영하기도 했다. 방송에서는 라오스 측 병사들이 물속에 들어가서 총을 쏴 불구슬을 만들어 냈을 가능성을 제시한 바 있다. 관광상품화를 노린 조작가능성을 제기한 셈이다. 이 방송이 나가고 난 뒤 이 지역 사람들이 대대적으로 항의하는 사태가 일어나 방송국이 큰 곤욕을 치르기도 했다.

이 곳 주민들이 그토록 항의하는 것은 자신들의 믿음이나 신화가 깨질 우려 때문이라는 것이 일차적인 이유이리라. 하지만 그 이면에는 신화가 가져다주는 실제적인 이득에 대한 손실을 우려한 때문이라는 것이 대체적인 분석이다. 1년에 한 차례 이 현상으로 몰리는 관광객 수가 50만 명을 웃돌고 이들이 호텔이나 음식점 등 이곳에 머물며 쓰는 돈이 15억 원 정도 된다. 농촌의 지역경제 규모로는 적지 않은 돈이어서, 나가볼이 나올 때면 지방자치단체가 앞장서 마을 주민 전체가 돈벌이 **축제**를 위해 똘똘 뭉친다.

최근에는 이 나가볼에 대해 태국과 라오스가 합동으로 연구팀을 구성해 추적한 바도 있다. 그 결과 대체로 이 지역 특유의 지형과 강 구조 등이 복합적으로 작용해 나타나는 메탄가스 작용이란 분석이 설득력을 얻고 있다. 하지만 이 설명도 왜 그런 현상이 매년 11월

보름달이 뜨는 밤에만 일어나는지에 대해서는 구체적인 답을 주지 못하고 있다. 이 나가볼 현상에 대한 과학적 분석이 실패할수록 이 지역 사람들은 오히려 기뻐하는 듯하다. 이곳 사람들은 메콩 강 불구슬이 영원히 해답을 못 찾는 수수께끼로 남아 마을의 번영이 유지되길 염원하고 있다.

코사무이 최고 일꾼, 원숭이

태국 **코사무이**는 신혼여행지로 가장 각광을 받고 있는 태국 섬 가운데 하나다. 방콕에서 비행기로 한 시간 정도 걸리는데 태국에서는 세 번째로 큰 섬이다. 특히 해변과 햇볕이 좋다. 입자가 작은 고운 모래의 해변과 섬 전체를 둘러싸고 있는 **야자수 나무와 어우러져 멋진 풍광**을 만들어 내고 있다. 레오나르도 디카프리오가 주연으로 나온 영화 ≪비치(The Beach)≫의 배경이 바로 코사무이다. 넉넉한 햇볕은 특히 일광욕 마니아들인 유럽인들을 일찍부터 몰려들게 했다. 최근에는 한국의 신혼여행객들도 꾸준히 늘어나고

있다.

이 섬의 별명은 코코넛 섬이다. 온 섬을 뒤덮고 있는 코코넛 야자나무가 뒤덮고 있기 때문이다. 야자나무만큼 용도가 많은 나무가 있을까? 열매 안의 물을 마시면 갈증이 확 달아난다. 껍질은 그릇으로, 몸통은 목재로, 나뭇잎은 지붕을 만들어 쓰는, 뭐하나 버릴 것이 없는 다용도의 나무이다. 이 야자나무는 열매가 거의 1년 내내 열린다. 많게는 1년에 열다섯 차례나 딸 정도로 빨리 자란다. 그래서 야자열매는 이 섬의 가장 큰 소득원이 된다. 문제는 야자나무 열매를 따는 일이다. 사람 노동력이 귀한데다가 20m가 넘는 나무에서 열매를 따는 것이 쉬운 일이 아니다. 그래서 나온 아이디어가 원숭이를 훈련시켜 열매를 따는 것이다. 사람이 장대를 휘둘러 어렵사리 따는 열매를 원숭이는 나무 사이를 옮겨 다니며 아주 쉽게 딴다. 특히 장대를 이용해도 따기 어려울 정도로 높은 곳에 있는 열매는 원숭이가 아니면 아예 딸 수가 없다.

그래서 야자열매 따는 일에 관한 한 원숭이가 사람보다 가치가 높을 수밖에 없다. 실제로 원숭이들의 노동력 대가, 원건비(?)는 실상 사람보다 비싼 듯하다. 코사무이 현지에서는 사람이 딴 열매는 개당 0.5바트인 데 비해 원숭이가 딴 것은 개당 1바트를 쳐준다 한다. 훈련받은 원숭이가 하루 5시간 정도 일하면 코코넛 천 개 이상을 딸 수 있다고 하는데 이는 사람이 딸 수 있는 양의 3배나 된다.

야생원숭이를 새끼 때 잡아다 훈련시키면 두 달이면 익은 열매를 구분해낸다 한다. 코코넛을 따는 원숭이는 섬 전체에 2백여 마리나 된다. 이 원숭이들의 노고로 수확되는 열매는 전체의 1/4을 차지한다. 추수하는 원숭이는 이제 남국정취 가득한 자연경관으로 관광객을 유인하고 있는 코사무이의 또 다른 자랑거리이다.

코사무이 뿐만 아니라 원숭이의 야자열매 수확은 태국 남부지역에서는 익숙한 풍경이다. 이런 풍경은 벌써 백년 된 역사이기도 하다. 태국 사회도 젊은이들이 농촌을 떠나 도시로 몰리는 것은 마찬가지이다. 그러다보니 야자열매 많은 남부지역에서는 정말 노동력이 부족하다. 그래서 야자열매 따는 원숭이들이 부족한 일손을 메워줄 더없이 귀중한 존재로 자리 잡은 지 오래다. 태국 전체로 보면 야자열매 따는 원숭이가 수 만 마리 정도로 추산될 정도다.

우리나라에서도 한때 이를 본 따 원숭이를 이용해 잣나무 열매 따기를 시도한 적이 있다. 결과는 실패로 끝났다. 어렵사리 훈련시킨 원숭이가 잣나무에 오른 것까지는 좋았는데 끈끈한 잣나무 송진이 털에 묻자 더 이상 나무에 오르기를 거부한 것이다. 사람에게 아무리 좋아도 싫다는 원숭이를 강제로 나무에 오르게 할 수는 없는 일 아닌가? 그러고 보니 거부감 없이 나무에 올라 열매를 따는 원숭이들은 더없이 기특해 보인다.

코사무이의 불가사의, 유령 섬의 실체

태국은 어딜 가나 개가 많다. 가히 개들의 천국이라 할 만하다. 불교국가로 살생을 금하는 탓이다. 왕성한 번식 욕을 자랑하는 탓에 거리의 개들은 도심지에서 골칫거리다. 그래서 그 수를 조금이라도 더 줄여보려고 잠자리채로 잠자리 잡듯 개잡이채로 개를 생포해 강제로 불임시술을 해주는 나라가 바로 태국이다. 그런데 이런 태국 안에서 전국을 통틀어 개가 한 마리도 없는 곳이 딱 한 곳 있다. 바로 유명관광지 코사무이에 이웃해 있는 탄 섬이다. 탄 섬은 코사무이 섬에서 뱃길로 20여 분 거리에 위치해 있으며, 물이 맑아 스쿠버 다이빙이나 스노클링하는 관광객이 많이 찾는 곳이다. 이 섬은 태국에서는 견공이 전혀 발을 붙이지 못하는 금견의 땅으로 유명하다. 한때 타이항공을 타면 기내에 비치해 놓는 잡지에서도 이 이야기를 소개했던 적이 있다.

이 섬에 들어가기 위해 코사무이 섬에서 만난 태국 사람들은 한결같이 **탄 섬**에는 **개**를 싫어하는 악령이 있다고 말한다. 믿거나 말거나로 듣기에는 그네들의 말은 너무 진지하다. 종합해 보면 이 섬은 개가 살 수 없는 섬으로 요약된다. 개가 이 섬에 들어가기만

하면 이런 저런 사고로 죽거나 행방불명이 된다는 것이다. 개뿐이 아니고 개를 키우던 사람들도 죽어간다는 것이다. 개만 들여오면 개나 개를 키우는 사람이나 갖가지 악운이나 사고가 난다는 것이다. 황당하고 터무니없어 보이는 일이지만 주민들은 이런 전설을 사실로 받아들이고 있다.

이런 사실이 점차 알려지면서 외부인들이 이 황당한 사실에 대해 도전에 나섰다. 그대로 믿기에는 너무 가당치 않기 때문이리라. 결국 방송국 취재팀이 나섰다. 이 섬에 들어와 과연 개가 살수 없는 섬인지, 사실이라면 무엇 때문이지를 밝히기 위해 취재하러 온 것이다. 결국 취재는 무사히 끝냈다. 문제는 취재를 마치고 돌아가다가 배가 침몰하는 사고를 당하고 만 것이다. 주민들은 당시 바다에는 전혀 파도가 없었는데도 방송국 취재팀이 탄 배가 갑자기 엔진이 파열해 침몰했다고 전한다.

황당한 일의 실체를 밝히기 위해 나섰다가 황당한 일을 당한 방송국 취재팀 이야기는 또 하나의 신비가 되어버렸다. 결국 황당하게 들리는 일을 황당하지 않게 만든 사건이 되어 이제 이 섬사람들은 개를 싫어하는 악령의 실체를 굳게 믿고 있다.

이 섬의 이런 현상에 대해 학자들은 과학적인 설명을 시도하기도 한다. 섬에 박쥐들이 많이 사는 까닭에, 박쥐들이 발사하는 전파가 세기 때문에 개들에게 영향을 미친다고 추정하는 것이다. 또 어떤 이들은 섬 지하에 강력한 자장이 있어서 개들을 미치게 만든다고 말하기도 한다. 하지만 어느 분석이나 추정도 완전하지 못하다. 설사 완전한 분석이나 과학적인 설명이 나오더라도 이 섬 주민들의 미신적인 믿음은 흔들지 못하리라. 아무튼 이 섬은 이래저래 유명한 섬이 되어 관광객들의 발길을 끌고 있다.

코끼리도 변해야 산다- 코끼리 폴로게임

코끼리의 나라 태국에서는 해마다 한 차례씩 **코끼리 폴로대회**가 열린다. 방콕에서 3시간 여 거리 왕실별장이 있는 아름다운 해변도시 후아힌이란 곳에서다. 후아힌에는 해변 백사장을 따라 갖가지 호텔과 리조트들이 들어서 있다. 그 가운데 열대과수로 가득한 화려한 정원에 태국씩 건축양식으로 지어져 아름답고 쾌적하기로 유명한 아난트라 리조트가 있다.

바로 이 리조트 후원으로 매년 한 차례 코끼리 폴로대회가 열려 전 세계 애호가들과 관광객들의 발길이 몰려든다. 드넓은 광장에서 집채만 한 코끼리들이 볼을 향해 질주하는 모습은 아주 재미있는 구경거리이다. 몸집이 큰 코끼리는 수비를 맡고, 작아서 재빠르고 날랜 코끼리는 공격 포지션을 맡는다. 코끼리가 온 힘을 다해 달리고 선수가 장대를 이용해 볼을 다루고 패스하며 슛을 성공시킨다. 선수들 못지않게 보는 이들도 손에 땀을 쥐게 할 정도이다. 아슬아슬한 순간순간의 연속이어서 관광객들에 톡톡히 볼거리가 된다.

폴로경기를 잘하기 위해서는 말할 것도 없이 코끼리와 폴로선수 그리고 코끼리를 부리는 조련사의 호흡이 잘 맞아야 한다. 긴 말장화에 모자 멋진 폴로선수 복장을 갖춘 백인 멋쟁이와 가무잡잡하고 꾀죄죄한 옷에 자그마한 몸집의 태국인 조련사가 대조적이다. 이들이 코끼리 등에 함께 올라타고 코끼리를 부리며 공을 쫒아가는 동안에는 셋은 공동운명체나 다름이 없다.

하지만 왜 폴로경기를 하느냐하는 부분에 대해서는 선수와 코끼리, 코끼리 조련사의 입장은 확연히 다르다, 선수들이야 호주나 영국 등 폴로의 전통이 있는 나라 출신들로 부유한 호사가들이 대부분이다. 이들에게 코끼리 폴로는 오락이요, 취미요, 색다른 사교수단일 뿐 이를 통해 먹고 사는 문제를 해결해야 하는 절박함이 있는 것은 아니다. 그러나 코끼리와 조련사에게는 코끼리 폴로는 먹고 살기 위해 하는 일이요, 생존을 위한 일이다. 폴로경기를 장려하는 배경에는 코끼리를 먹여 살리기 위한 태국 정부 차원의 배려가 있는 것이다.

왜냐하면 지난 1989년부터 태국에서는 삼림벌목이 불법화되면서 코끼리와 조련사들이 할 일이 없어졌기 때문이다. 그 이전만 해도 코끼리가 하는 일의 대부분은 삼림에서 나무를 자르면 그 좋은 힘을 이용해 나무를 끌어 나르는 일이었다. 하지만 태국 정부가 삼림벌목을 법으로 규제하고 단속하기 시작하면서부터 코끼리와 조련사들이 일터와 일자리를 잃게 된 것이다.

이제 태국에서 코끼리들이 합법적으로 할 수 있는 일은 관광 관련 일뿐이다. 관광객이 모인 곳에서 묘기를 선보이고 관광객에게 볼거리를 제공하는 쪽으로 자신들을 개발해야 하는 운명인 것이다. 그래서 코끼리 폴로대회가 열리는 날에 코끼리와 조련사들이 하나가 되어 개발해낸 각종 신종 볼거리들이 등장한다. 코끼리가 코로 그려낸 그림에 코끼리가 코로 타악기를 연주하는 모습 등등. 갖가지 신기하고 재미있는 구경거리들이 폴로경기장에서 함께 펼쳐지는 것이다. 그래서 각종 볼거리가 넘치는 폴로경기장에는 모두가 코끼리들을 주인공으로 하는 자그마한 코끼리 축제가 흥겹다. 하지만 그 흥겨움의 이면에는 코끼리와 조련사들이 먹고 살아야 하는 절박함이 깔려 있는 것이다.

집집마다 코끼리 도시, 수린

코끼리와 사람들이 줄다리기를 하는 상상을 해본 적이 있는가?

해본 적이 있다면 승부는 어떨 것이라고 생각하는가? 상상이 아니라 태국에서는 실제로 사람과 코끼리 간에 매년 줄다리기를 하곤 한다. 바로 방콕에서 5백여 km 떨어진 이산지역 수린 이라는 도시에서다. 코끼리 도시로 유명한 이곳에서는 매년 11월 셋째 주면 코끼리 몰이 축제가 열린다. 그 하이라이트가 바로 코끼리와 사람의 줄다리기 경기이다.

몸무게 4톤의 열 살배기 코끼리와 한창 힘쓸 나이의 태국군 병사 40명이 서로를 마주하고 대결자세에 들어갔다. 줄을 코끼리 몸에 감고 줄 한쪽은 병사들 40명이 잡고 있다. 두 손으로 줄을 힘껏 잡고 마주보는 사람들도 긴장한 순간 호루라기 소리가 울린다. 영차 영차 당기는 듯싶더니 승부는 순식간에 코끼리의 싱거운 완승으로 끝났다. 장정 40명이 불과 10초도 못 버틴 싱거운 승부다.

다음은 병사 60명이 도전을 했다. 호루라기를 불자마자 30초도 안 되어 코끼리에 끌려가기 시작하더니 결국 전부 나동그라진다. 병사들 자신들도 이렇듯 싱겁게 패할 줄 예상치 못했던 듯 바지를 털고 일어나는 모습이 한결같이 쑥스러운 표정이다.

다음은 코끼리와 병사 80명의 대결이다. 호루라기가 불고 영차영차 온 힘을 다 써보는 병사들 코끼리가 잠시 당황하는 모습이다. 그러나 쉽게 끌려가지 않고 1분여 버티다가 병사들 쪽으로 줄이 끌리며 코끼리 몸이 밀려가기 시작한다. 그러자 화가 난 듯 울부짖으며 코끼리가 힘을 쓰자 순식간에 줄이 당겨지면서 80명의 장정이 땅바닥에 나동그라지고 만다. 코끼리의 완벽한 한판승. 그러나 승부를 가려내기 보단 코끼리와 인간이 하나로 어울려 즐거워하며 관중들에게 즐거움을 선사하는 이벤트다. 코끼리 축제는 한 주일 내내 계속된다. 태국 내뿐만 아니라 해외에서 까지 이 날을 기다려 관광객들이 몰려들어 숙박시설이 동이 난다. 수린은 오래전부터 태국 제일의 코끼리 도시로 정평이 나 있다.

이곳에서는 **집집마다 강아지 대신 코끼리를 키운다.** 사람들 집보다 더 큰 코끼리 집에 코끼리 한 마리에서 많게는 4마리 정도를 키운다. 마을 사람들 대부분은 코끼리 조련사나 다름이 없다. 마을에서 최대 명예는 코끼리 전사가 되는 것이다. 마을 어린이들에게 물어보면 코끼리 전사가 되어서 코끼리를 많이 잡는 것이 꿈이라는 대답이 서슴없이 나온다. 코끼리 전사는 숲에서 야생의 코끼리를 사냥하는 직업이다. 물론 코끼리 사냥은 코끼리를 때려잡는 것이 아니라 야생의 코끼리를 생포하는 것을 말한다. 덩지 큰 코끼리에 맞서서 이리 저리 피해가며 코끼리 몸을 옭아매는 일은 여간 용맹하지 않고는 흉내 내기도 힘든 일이다. 어찌 보면 스페인의 투우사 비슷하다. 위험한 고비를 넘겨가며 코끼리를 한 마리, 한 마리 잡을 때마다 훈장처럼 명성이 붙고 코끼리 생포 마리 수에 따라서 최고의 코끼리 전사가 된다. 그리고 그 영예는 평생 따라다닌다.

이런 전사들이 매년 한 차례 코끼리 축제 때면 한자리에 모여 자신들의 기량을 맘껏 자랑한다. 수린의 코끼리 축제 역사는 이제 50년을 넘어섰다.

thailand story

집집마다 강아지 대신 코끼리를?

วัดหัวกระบือ

버펄로 기념사원

방콕에서 남쪽으로 자동차로 한 시간여 달리면 입구 기둥에 큰 버펄로 물소머리가 눈에 띄는 절이 있다. 입구뿐만 아니라 절 안쪽에는 온통 뿔 달린 해골이 가득 쌓여있다. 모두 **버펄로 물소의 해골**로 어림잡아서 3천여 개나 된다. 버펄로를 기념하기 위해 주지승이 30여 년간 모아온 것들이다. 절이 들어서기 전 이 지역은 온통 버펄로로 가득한 곳이었다고 한다. 실제로 절의 이름이 '물소머리'인 것을 비롯해 물소 마당, 물소 화장터등 물소가 들어가는 이름이 유독 이 마을에 많다. 이런 곳에서 태어나 성장기를 버펄로 물소와 함께 해온 주지승이기에 버펄로의 고마움을 누구보다 잘 알고 있다. 그런 만큼 시대변화에 따라 물소가 사라져가는 현실을 안타깝게 여기고 있다. 그래서 물소기념탑과 사원을 구상하고 추진 중인 것이다.

절 측은 물소머리뼈로 만든 7m 높이의 기념탑을 세우고 물소와 관련된 각종 기념품을 모아 물소박물관을 건립할 계획이다. 사실 절에서 이토록 물소 기념을 위해 공을 들이고 애쓸 만큼 물소는 태국 사회에서 각별한 존재이다.

태국은 연중 내내 벼농사를 지을 수 있어 4모작을 하는 나라이다. 쌀이 매년 7백만 톤씩 남는 농경대국이다. **농경대국의 주역은 바로 버펄로 물소**다. 멋들어진 뿔의 검은 버펄로 물소는 태국의 모든 논에서 없어선 안 되는 존재이다. 태국 농경사회를 상징하는 동물로 일등공신인 것이다. 버펄로 없는 태국 사회는 상상할 수 없을 정도다. 하지만 이런 물소도 세월의 변화와 함께 이제는 기계화 농법으로 인해 일터에서 밀려나 퇴출당한 존재가 되어 버린 것이다. 이런 상황에서 주지승은 물소가 태국 사회에 끼친 공을 잊어선 안 된다는 소신에서 보은의 의미로 물소 기념사원 건립을 해나가고 있는 것이다. 인과응보와 윤회를 강조하는 불교의 교리에 주지승의 물소와 얽힌 개인적인 추억까지 생각해 보면 그럴 만도 하겠다 싶기도 하다.

하지만 이 마을에는 이제 물소가 없다. 아니 이 마을뿐만 아니라 태국 사회 전역에서 물소는 기계화 농법에 밀려 필요성이 사라지면서 멸종직전 단계까지 와있어서 태국의 학자들이 물소 보전 대책을 강구할 만큼 심각하다. 한때 태국에 세계제일의 쌀 생산 대국이라는 명성을 가져다준 물소지만, 이제 시대의 변화에 밀려 역할을 잃은 채 사라져가는 신세는 물소나 사람이나 마찬가지가 아닌가 싶다.

전국적으로 **제일 유명한 축제**이다.
춘부리 물소달리기 경주는
외국인들에게까지 큰 인기를 끌면서
갈수록 관광객들의 발길이
몰려들고 있다.

버펄로 100m 달리기

태국 농촌지역을 여행하다 보면 뿔이 장대하고 검은색 윤기가 자르르하게 흐르는 소들을 흔히 볼 수 있다. **버펄로 물소**다. 농경국가 태국을 상징하는 동물이다. 기계농법이 발달하기 이전에는 물소 없이는 농사는 불가능하다고 할 만큼 중요하고 고마운 동물이다. 그래서 태국의 농촌사회에는 지역마다 물소와 관련한 각종 전통 축제가 많다. 대부분 매년 10월이면 집중적으로 열린다.

그 가운데 **촌부리 물소경주 대회**는 전국적으로 제일 유명한 축제이다. 촌부리시는 방콕에서 파타야 방향으로 자동차로 1시간 반 거리에 있는 시골 마을이다. 물소경주 대회가 열리는 날이면 온통 거리가 잔뜩 치장을 한 물소들로 가득하다. 물소분장 대회에 참가하는 물소들이다. 기발한 아이디어로 분장시킨 물소와 함께 사람들이 거리를 행진하면 행인들마다 박수로 격려하며 즐거움을 함께 한다. 가지각색의 색깔에 기괴한 모양으로 치장된 물소를 보면 그저 우스꽝스런 광대를 보는 것 같다. 하지만 잠시 후 이 물소들은 치장을 벗고 모두 당당한 근육질의 경주 물소로 변신한다.

느릿느릿 움직이며 쟁기를 가는 물소에게서 질풍처럼 달리는 모습을 기대해볼 수 있을까? 출발하기 직전의 모습은 영 아니올시다이다. 출발선에서 제 멋대로 움직이는 물소들을 보면 달리는 학업(?)에 뜻이 있는 것 같지도 않고 달릴 수 있을 것 같지도 않다. 하지만 어느 정도 출발선 정리가 되고 물소 위에 올라탄 선수들이 준비가 되면 호루라기 신호와 함께 질풍처럼 달려 나간다. 언제 논에서 쟁기 갈던 물소인가 싶을 정도이다. 물소경주가 열리는 운동장은 바닥이 진흙으로 엉망인 곳이다. 물소가 쟁기 가는 논과 흡사한 조건이다. 당연히 달리려면 진흙탕에 발이 푹푹 빠지는 상황이어서 속도내기가 여간 어렵지가 않다. 이런 진흙탕에서 그야말로 질풍처럼 달려 나가는 것이다. 경기거리는 전체 110m로 사람이 혼신의 힘을 다해서 달리면 30초 정도는 걸린다. 하지만 물소는 15초면 결승점에 골인한다. 그것도 맨몸이 아니라 선수를 등에 태우고 달리는 데도 이 정도다.

이렇듯 빨리 달리는 물소 위에서 채찍으로 물소를 조종하며 달리는 선수들의 위험은 당연히 크다. 말과는 달리 물소 위에 안장을 얹는 것도 아니다. 그저 물소 등 위에서 물소를 통제하는 고삐에만 의존해 달려야 하기 때문에 조금이라도 균형을 잃으면 그대로 떨어지기 일쑤다. 안 떨어지려면 그야말로 고난도의 기술이 필요하다. 물론 경기장 자체가 진흙탕이어서 떨어져도 치명적인 상처를 입지 않을 것이라고 생각할 수도 있겠다. 하지만 미친 듯이 달리는 물소의 속도를 감안하면 잘못 떨어질 경우 그야말로 치명적인 상처를 입을 수가 있다. 그래서 떨어져도 크게 다치지 않게 떨어지는 기술(?)이 정말 절묘하다. 때로는 달리던 관성으로 인해 진흙탕에 내동댕이치듯

처박혀 보는 이의 가슴을 조마조마하게 만든다. 하나 대부분 이렇다 할 상처 없이 일어선다. 다치지 않고 나동그라지는 상황이기에 보는 사람들은 폭소를 터뜨리며 즐거워한다.

물소를 타려면 기술도 중요하지만 겁이 없어야 한다. 생김새도 험악한 검은 물소가 미친 듯이 달리는데 겁이 많으면 아예 탈 엄두도 못내는 것이다. 그래서인지 물소경주 선수들은 한결같이 겁과는 거리가 멀어 보인다. 물소마다 우람한 뿔을 자랑하고 시커먼 게 가까이 하기가 겁난다. 하지만 선수들은 마치 강아지 다루듯이 물소와 친근한 모습이다. 어릴 적부터 물소와 노는 것이 익숙한 탓이리라.

촌부리 물소달리기 경주는 외국인들에게까지 큰 인기를 끌면서 갈수록 관광객들의 발길이 몰려들고 있다. 그만큼 기계농법에 밀려 존재가치가 없어지는 물소들이 새롭게 존재가치를 인정받고 있다. 물소들도 이런 세상의 변화를 아는 것인가? 혼신의 힘을 다해 달리는 모습이 마치 용도폐기로 퇴출당하지 않기 위해 몸부림치는 것 같아서 안쓰러운 느낌도 든다.

코브라에 4백 번 물린 사나이

잘 아는 것처럼 코브라는 물리면 즉사할 만큼 독이 강한 뱀이다. 이 코브라에 4백 번 가까이 물리고도 살아난 사나이가 있다면 믿을 수 있겠는가? 대부분 믿기 어렵겠지만 실제로 이런 사내가 태국에 있다.

코사무이는 태국 섬들 가운데 특히 유럽 관광객들의 사랑을 받는 섬이다. 섬 전체는 야자수 나무로 가득 차 있어 환상적 열대 섬의 분위기를 자아내는 곳이다. 섬 안에 여러 가지 볼거리가 있지만 특히 관광객들을 유혹하는 곳이 **뱀쇼 현장**이다. 뱀 쇼를 하는 공연장에 가면 뱀 조련사들이 매일 관광객들을 상대로 독사들과 대결하는 묘기를 보여준다. 비좁은 무대에서 각종 독사들을 장난감 뱀 다루듯이 만지며 맞대결하는 모습이 금방이라도 물릴 듯해 가슴이 조마조마하다. 독사들을 한 무더기 잡아 옷 속으로 집어넣는 장면에 이르면 오금이 저려올 정도로 끔찍하고 섬뜩해하다. 하지만 조련사들은 여기까지는 별 부담이 없는 듯 능숙한 솜씨를 발휘한다. 그러나 코브라와 맞설 때면 조련사들의 표정이나 자세부터가 확연히 달라짐이 눈에 보인다. 긴장하는 것이다. 그만큼 코브라가 무섭기 때문이다. 그래서 코브라와의 대결이 뱀 쇼의 가장 하이라이트이다.

이 장면에서는 태국 제1의 뱀 조련사로 알려진 솜크릿이라는 청년이 등장한다. 코브라는 이미 잔뜩 약이 올라 특유의 부챗살 모양으로 몸을 펼친 채 공격 자세를 취하고 있다. 담담한 표정으로 코브라와 단지 마주 서 있는 모습만 봐도 무섭다. 관객들 모두가 숨을 죽인다. 코브라의 공격이 이어지고 이를 피하는 동작이 이어질 때마다 안타까운 탄성이 반복된다. 마침내 솜크릿이 코브라 대가리를 잡는 장면에 이르러서야 관객들은 안도의 숨을 쉰다. 뱀 입을 벌려 날카로운 이빨을 보여주고 컵에 물려 독을 짜내면 코브라와의 대결은 끝난다. 이 모두가 5분 정도에 불과하다. 하지만 솜크릿에게는 생과 사가 순간순간 왔다갔다 하는 시간이다.

이 대결을 이 청년은 20년 넘게 매일같이 해오고 있다. 어릴 적부터 뱀을 무서워함이 없었고 뱀을 다루는 것이 재미있다고 말을 한다. 아마 뱀을 다루는 데 천성적인 제주를 타고난 듯싶다. 독사에게 물려도 살아남는 것도 독에 대한 저항력이 유독 강한 체질인 때문으로 보인다. 하지만 그의 몸은 온통 뱀에 물린 흔적으로 가득하다. 내미는 손 일부가 문드러져 불구가 된 것을 비롯해 머리와 팔다리 등 전신에 뱀에 물린 상처로 가득하다. 17년간 코브라와 맞서면서 크고 작게 물린 적이 모두 4백여 번이나 된다고 밝힌다. 가장 심하게 죽을 고비를 넘긴 적이 2번이다. 코브라 6마리에 팔을 물렸을 때도 있다고 한다. 그 땐 의사들도 죽은 것으로 간주했으나 기적적으로 소생해 다시 코브라와 맞서고 있다. 매일 죽을 각오를 하고 해야 하는 일이지만 그는 단지 생계유지를 위해 하는 일일

뿐이라며 담담히 말한다. 하지만 태국 언론은 그의 외길 인생에 태국 제1의 뱀 조련사라는 찬사를 기꺼이 보내고 있다.

호랑이는 강아지?

태국에는 **호랑이를 강아지처럼 키우고 있는 절**이 있다. 화제의 절은 방콕에서 3시간 거리의 칸차나부리 야산에 위치해 있다. 절은 절인데 절 같은 건물이 하나도 없다. 그저 야산 숲속에 승려들이 기거하는 원두막 같은 집들만 덩그러니 있고 호랑이 막사만 달랑 있을 뿐이다. 승려들이 있어서 절이지 흔히 연상하는 절의 모습은 하나도 없다. 하지만 이곳은 호랑이와 승려들이 친구처럼 지내는 모습을 볼 수 있는 곳으로 유명한 절이다. 황소만한 호랑이가 절 마당에 누워서 젊은 승려에게 애교를 떨며 장난치는 모습을 보면 호랑이가 아니라 강아지처럼 보일 정도이다. 승려들도 강아지 대하듯이 호랑이를 간질이거나 몸을 긁어주며 장난을 한다. 호랑이가 쩍 벌린 입안으로 팔을 넣기도 한다. 송곳니 모양이 무 자르는 칼처럼 험해 보인다. 보기만 해도 으스스한데 승려들은 아무렇지도 않다. 그저 **강아지 대하듯이 호랑이 입안에 손을 넣고 장난치는 모습**은 기가 찰뿐이다. 호랑이를 앞세우고 산책을 가는 모습은 영락없이 개를 데리고 놀러가는 모습이다.

이 절에서 호랑이를 키우게 된 것은 20여 년 전인 1994년부터다.

원래 칸차나부리 일대는 평야가 대부분인 태국에서 유독 야산이 광대하게 자리 잡은 곳이다. 그래서 호랑이를 비롯해 멧돼지 등 각종 야생동물들이 많이 서식한다. 야생동물들을 노리는 사냥꾼들이 많이 몰려드는 곳이기도 하다. 어느 날 이 절의 주지승이 야산지역을 돌아다니던 중에 우연히 어미를 잃은 새끼 호랑이를 발견해 데리고 와 키우기 시작했다. 새끼 호랑이는 스님들의 각별한 보살핌에 성장해 갔고 이런 사연이 알려지기 시작한다. 그러자 이 절에 동물 보호단체나 뜻있는 이들의 후원이 쇄도하기 시작했다. 때맞춰 상처를 입고 찾아든 호랑이 등 이런 저런 사연의 호랑이들이 이 절에 찾아들면서 십여 년 전에는 호랑이가 7마리로 불어났다. 또 10년이 지나 호랑이는 현재 백여 마리나 된다.

승려들은 키우면서 정이 든 까닭에 호랑이가 무섭지 않다고 한다. 그래서 처음에는 우리도 없이 가둬놓지 않고 호랑이를 키웠다. 하지만 신기한 사연이 알려지면서 일반인들이 몰려들기 시작했다. 결국 일반인들을 보호하기 위해서 우리를 만들어 호랑이들을 가둬놓고 있다. 하지만 하루 두 차례 개처럼 호랑이에게 산책시간을 주곤 한다. 절 근처 야산절벽으로 데리고 가 자유롭게 호랑이가 뛰어놀 수 있는 시간을 주곤 한다. 호랑이가 강아지처럼 말을 잘 듣는 모습이 참 희한하다. 야산에서 뛰어노는 호랑이를 배경으로 필자가 방송을 위해 카메라 앞에 섰을 때는 혹시나 호랑이들이 달려들지 않을까 무척 조마조마했다. 필자의 경우 별 일은 없었지만 호랑이를 구경하러 왔다가 가끔씩 관광객들이 물리는 사고가 나기도 한다. 특히 붉은 옷을 입었을 경우 사고가 날 우려가 더 크다고 한다.

붉은 옷에 민감하게 반응을 한다는 것이다. 그렇지만 승려들은 사고 나는 경우가 없다하니 백수의 왕이라는 호랑이도 사람이 키운 정을 알아보는가 보다. 한때 이 절 주지승과 승려들의 고민은 다 큰 호랑이들을 어떻게 야생으로 돌려보낼까 하는 것이다. 우리 안에서 먹이를 주워 키워지다 보니 야성을 많이 잃어버린 상태라 야생에서 먹이사냥을 하며 살아날 수 있을 지가 걱정인 것이다.

승려들의 선행은 동물들에게 입소문이 나는가 보다. 이 절 주변에는 아예 끼니때만 되면 야생동물들이 몰려든다. 버펄로 소도 오고 멧돼지 떼도 나타난다. 승려들이 절 주변 곳곳에 동물들의 먹이를 뿌려놓기 때문이다. 갖가지 야생동물들이 한데 어우러져 사이좋게 먹이를 먹는 모습은 낙원의 모습을 한 자락 보는 듯하다.

하지만 여기까지는 이 사원의 초창기 모습일 뿐이다. 사람들에게 입소문이 나고 방송에까지 소개되면서 이 절은 최근에는 상업성으로 오염되어 가고 있다. 입장료를 천 바트 받고, 호랑이와 사진 찍으면 100바트가 더 들어간다. 그래도 관광객들이 해외에서까지 밀려든다. 아무리 호랑이가 길들여졌다고는 하지만 안전사고가 없을 수는 없다. 급기야는 안전사고 방지를 위해 호랑이 이빨을 뽑고 발톱을 뽑는다. 동물학대 논란이 일어나는 것은 너무나 당연하다. 동물보호단체에서 잠입 취재한 바로는 호랑이에게 마취제를 투여한 뒤 사진촬영을 한다고 한다. 거듭된 마취제 투여로 인해 약물중독으로 호랑이가 병들면 결국 폐기처분한다는 것이 동물보호단체의 주장이다. 심지어는 관광수익을 호랑이 보호에 쓰는 것이 아니라 불법적인 호랑이 밀수입에 쓴다고 한다. 물론 절 측은 극구 부인하고 있다. 하지만 이 절이 초창기 인간과 맹수가 친구처럼 어울리던 낙원의 모습은 더 이상 아니라는 데 대체로 동의한다. 호랑이가 쇼에 동원되는 모습은 관광객들을 즐겁게 하지만, 과거의 순수한 모습을 기억하는 이들은 잃어버린 호랑이 사원의 순수성에 개탄을 한다.

도시로 간 원숭이

롭부리는 방콕에서 북쪽으로 2시간 거리의 지방 소도시다. 이 도시는 서기 6~10세기에는 몽족이 세운 드바라바티(타와라와티) 왕국의 중심지 중의 하나였다. 200년 뒤에는 수코타이 왕조의 태국

사람들이 크메르 사람들을 내몰고, 그 100년 뒤에는 아유타야 왕조가 들어서 이 도시를 제2의 요새도시로 만들었다. 그래서 크메르와 태국의 문화와 건축양식이 뒤섞여 있는 도시로 잘 알려져 있는데 요즘은 관광객들에게 원숭이와 해바라기의 도시로 더 유명한 곳이다.

시내 거리 어디를 가더라도 원숭이와 부딪치게 된다. 건물 지붕이나 처마 밑 등 온통 시선이 닿는 곳이면 원숭이가 있다 해도 과언이 아니다. **원숭이들이 전선줄에 올라** 집단으로 이동하거나 창문틀에

매달려 아슬아슬하게 장난치는 모습들을 보면 원숭이는 원숭이구나 하는 생각에 웃음이 절로 난다. 하지만 원숭이들을 자세히 보면 썩 유쾌하지만은 않다. 왜냐하면 한결같이 외관이 좋은 상태가 아닌 것을 쉽게 발견할 수 있기 때문이다. 예외 없이 비쩍 말라있는 데다가 피부병에 걸린 놈들이 많다. 비쩍 말라서 쓰레기통 뒤지는 원숭이들 모습은 애처롭기 까지 하다. 그러나 이런 모습에 자칫 방심하다가다 원숭이들에게 가방을 낚아 채이기 십상이다. 특히 구멍가게나 음식점등에서는 주변에서 어슬렁거리다 도발적으로 행동하는 원숭이들을 경계하지 않을 수 없다. 온통 원숭이 천지라 누가 먹이를 챙겨주는 것도 아니어서 도시에서 이 원숭이들은 스스로 먹을거리 문제를 해결해야 하기 때문이다.

그러나 이 도시에서 원숭이들이 먹을거리 걱정하지 않는 곳이 딱 2군데 있다. 바로 마을 건너편 옛날 탑 유적지가 있는 곳으로 크메르 시대에 지어졌다. 또 한 곳은 마을의 사당이 있는 **산프라 칸 사원**이다. 사당에는 이 마을의 창시자가 모셔져 있다. 원숭이들이 먼 옛날에 이 사람의 제자들이었다는 전설이 내려오고 있다. 그래서 사람과 원숭이 사이는 같은 스승아래서 동문수학한 동기 동창 정도 되는 것이다. 그런 전설 때문인지, 생명을 존중하는 불교사상 때문이지 이 마을에서는 원숭이에 대한 인심이 예전부터 넉넉해 원숭이들은 계속 늘어왔다. 지금도 원숭이들이 몰려 있는 탑 유적지와 사당 안에는 각종 채소 등 먹을거리가 연중 내내 떨어지질 않는다. 게다가 원숭이들에게는 찾아오는 관광객들을 희롱하거나

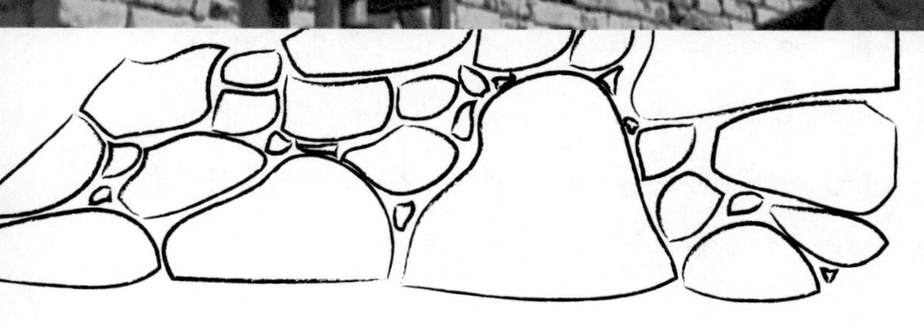

슬쩍 장난질 치는 재미도 적지 않다. 살짝 접근만 하면 관광객들이 놀래라 하고 던져주는 바나나 등의 별미 맛보는 재미도 쏠쏠하다. 그래서 이곳 원숭이들은 한결같이 살이 오른데다가 피부도 윤기가 있다. 한 마디로 아무 근심걱정거리 없는 팔자 좋은 원숭이들인 것이다. 사원 안에는 타고 놀 나무들이 늘어 서 있고 원숭이들이 더위를 식힐 물놀이시설까지 만들어져 있다. 다이빙하고 자맥질하며 더위를 식히는 모습은 보기에 관광객들 미소가 끊이지 않는다. 친구들 많지, 먹을 것 풍부하지 누구든 간섭하지 않지 이만하면 원숭이 천국인 셈이다.

그러나 이 원숭이 천국도 바로 길 건너 마을 원숭이들에게는 그림의 떡일 뿐이다. 길 건너 마을 도시의 원숭이들은 이 천국에 들어올 수가 없기 때문이다. 사실 도시의 원숭이들은 모두가 이곳 원숭이 사원 출신들이다. 뭐하나 부족한 것 없이 지내다가 어느 날 호기심 하나 때문에 터전을 벗어나 마을로 들어갔다가. 돌아올 수 없게 된 것이다. 원숭이 사회의 엄격한 규율 때문이다. 원숭이 사원 앞과 마을 사이를 가로지르는 철길을 지나 마을로 들어가면 다시 사원으로 돌아올 수 없다고 한다. 무리 사이에 불량배 원숭이로 낙인찍혀 돌아올 수 없다는 것이 마을사람들의 설명이다. 나름대로 무리의 리더가 있고 사는 규율도 있다는 사실이 새삼 신기할 뿐이다. 그래서인지 마을 전선줄에 앉아 이따금 사원을 쳐다보는 원숭이들의 눈빛에서는 진한 애수와 향수의 표정이 엿보이는 듯하다.

'국빈으로 모십니다', 엘리트 카드

아시다시피 태국은 먹고 사는 문제 상당 부분을 관광수입이 해결해 주는 나라다. 그래서 어떻게 하면 외국인들이 돈을 쓰게 만들까 아이디어를 만드는데 위로부터 아래에 이르기까지 온갖 짱구 굴리기(?)를 다하는 나라다. 군부 쿠데타로 밀려난 탁신 전총리가 현직에 있을 당시 이런 짱구를 굴려 나온 작품이 엘리트 카드이다. 외국인들의 VIP 허영심을 최대한 자극해 돈을 쓰게 해보자는 발상에서 나온 것인데 다음과 같은 장면을 상상해 보면 어떨까?

비행기 트랩에서 내리는 순간 자신을 알아다보고 미녀가 다가와 환영 꽃다발을 목에 걸어주며 반긴다. 대기하고 있던 특별이동차로 공항내 귀빈실로 직행해 여권을 건네주고 편안히 쉬고 있으면 시중드는 사람이 입국수속 다 마쳐서 짐까지 찾아다 대기시켜 놓는다. 공항 밖으로 나오면 벤츠리무진이 기다리고 있다가 호텔로 모셔다 드린다. 누구나 가능하다면 여행 다니면서 이런 특별대접을 받기를 원할 것이다. 만일 이런 대접을 받는데 돈을 내야 한다면 대부분의 서민들하고야 상관없는 이야기지만 있는 사람들이야 기꺼이 돈 더 낼 수도 있지 않겠는가?

이에 착안해 태국 정부가 특별서비스를 보증해 주는 카드가 바로 **엘리트 카드**이다. 발행을 시작할 당시의 가격은 2만 5천 달러였다. 너무 비싸다고? 물론 그 값에 해당하는 다른 특전이 있다. 출입국 시 국빈대접 이외에 보통비자로는 석 달이 최대체류기간이지만 이 카드는 6달간 머물 수가 있고 필요하면 그 이상 연장도 간단하다. 태국에 머무는 동안 전국 최고급 스파를 무료로 이용할 수 있다. 특급호텔이나 레스토랑에서 20~30%의 할인 혜택을 받을 수도 있다. 연간 한 차례는 태국에서 제일 좋은 병원에서 건강진단도 무료로 받는 혜택도 준다. 외국인들에게는 땅의 소유를 일체 불허하는 것이 태국 정부의 방침이지만 이 카드 소지자는 5천 평까지 살 수가 있다.

뿐만 아니다. 골프를 즐기는 이들에게는 방콕근처 알파인이나 푸껫의 블루캐넌 등 태국 전역의 최고 **골프장** 39곳도 공짜로 이용할 수가 있다. 항공요금도 50%의 할인혜택을 받을 수 있다. 이런 혜택들은 물론 평생 동안 제공되는 것이다. 그렇기 때문에 재산가치도 있는데 입회비 2만 5천 달러를 주고 카드를 사들인 뒤 1년이 지나면

타인에게 양도가 가능하다. 만일 카드 값이 모집가보다 떨어질 경우 5년 후에서 10년까지 연차적으로 최대 100%를 환불해 준다. 이렇게 파격적인 조건이 있겠는가?

파격적인 조건은 탁신 태국총리의 특별지시에 따른 것이다. 탁신총리가 아이디어를 내서 시작된 프로젝트인 만큼 정부가 각별한 의지로 카드를 관리해 나간다. 그래서 별도의 카드회사가 설립되어 회장직을 TAT, 즉 태국관광청장이 겸임하고 있을 정도이다. 태국 정부는 당초 이 카드는 돈이 있다고 해서 아무에게나 발급하는 것이 아니고 그야말로 확실한 신원의 국제신사들에게 발급해 카드이미지를 높인다는 구상이었다. 그래서 당시 일본의 고이즈미 총리 등 세계 각국의 정치인이나 유명연예인을 구색 갖추기로 카드를 발급해 준다는 계획아래 대대적인 홍보를 하기도 했다.

하지만 유명인들이 할 일 없지 허구한 날 태국갈 일 있겠는가? 결국 그리 많은 호응이 없어서 태국 정부는 이제 돈이면 누구나 살 수 있는 카드로 판매 전략을 바꿔나가고 있다. 한국에도 판매 중인데 500명 안팎이 배정되어 있다고 한다. 태국여행이 잦은 경우나 골프연수가 잦은 프로 선수나 주니어 선수 그리고 휴양목적으로 자주 가는 돈 많은 여행객에게는 쓸 만한 카드인 것 같다. 무엇보다 이 카드를 이 카드를 소지할 경우 가장 좋은 점은 신분확인일 것이다. 이 카드를 사용하면 태국 전역 어디를 가나 아주 돈이 많거나 어느 분야에서 성공한 정말 특별한 인물로 생각해 준다는 것이다. 사람들이 흔히 받고 싶은 속물적인 허영심을 만끽할 수가 있는 것이다. 관광국가 태국은 정말 돈만 있으면 자신이 제왕임을 맘껏 확인받을 수 있는 나라인 것 같다.

병원도 관광상품- 범룽랏 병원

후진국에서 하는 외국 생활 가운데 가장 신경 쓰이고 유념해야 할 것 가운데 위급할 때 믿을 만한 병원이 있는가 하는 것일 것이다. 이 점에서 태국은 크게 걱정할 필요가 없다. 적어도 방콕에서 거주한다면 이 나라에는 흔히 동남아 최고의 병원으로 알려진 범룽랏

병원이 있기 때문이다. 아무리 시설이나 의료진 수준이 높아도 태국의 병원이 동남아 제일일 수 있을까 하는 의문이 당연히 들 것이다. 우리나라 사람들은 흔히 태국 하면 섹스관광이나 마사지 혹은 교통 혼잡 등 부정적 이미지를 먼저 떠올린다. 대부분 우리보다 열등한 나라라는 선입견을 갖고 있는 것도 사실이다. 하지만 태국 사회 내부를 자세히 보면 국제화 지수나 관광 노하우등 일부 부문에서 우리나라가 많이 배워야 할 점도 있다. 때론 우리로 하여금 열등감을 느끼게 할 만한 부문도 보이게 마련이다. 그런 점에서 다음에 소개하는 **범룽랏 병원**은 여러 가지로 타산지석이 될 만하다. 우선 병원 입구로 가보자.

건물 위에는 만국기들이 활기차게 바람에 나부끼고 입구에 차가 도착하면 벨 보이들이 차문을 열어주며 '사왓디캅(안녕하십니까?)'하고 다정스레 인사를 한다. 로비에 대리석 바닥에 카펫이 깔려 있고 드높은 천정에는 샹들리에가 걸려 있다. 로비 한쪽에는 스타박스 커피숍이 있고 에스컬레이터를 타고 2층으로 올라가면 햄버거에 일식집까지 각종 레스토랑이 몰려 있다. 이쯤 되면 분명 호텔을 연상시키리라. 하지만 병원이다. 방콕에서 제일 고급의료시설을 갖춰놓고 세계 각국에서 몰려오는 환자들을 치료해 주는 범룽랏 병원이다. 이 병원은 사실 호텔 같은 병원으로 일찍부터 유명세를 타왔다. 병원내부 복도에서 약품냄새를 맡을 수 없을 정도로 관리상태가 좋고 병원 안에는 각종 열대화초들이 흐드러지게 피어있는 정원에 산책로가 마련되어 있다. 의사나 간호사 복장을 한사람들 모습이 아니라면 그 어디서도 병원 특유의 이미지를 떠올리기가 쉽지 않다.

그러나 이 병원이 시설만 훌륭해 유명해진 것은 아니다. 의료시설 못지않게 외국에서 공부하고 온 세계적 수준의 의료진이 7백 명이나 된다. 하루에 3천여 명이나 진료가 가능하다. 병원 안에는 17개국 언어의 통역사들이 항시 대기하고 있다. 어느 국적의 환자든지 의사소통이 안 되어 치료를 못 받는 경우는 없게끔 시스템이 되어 있기도 하다. 그러나 무엇보다 이 병원의 강점은 선진국 못지않은 의료서비스를 제공하면서도 값이 선진국에 비해 무척 싸다는 것이다. 같은 수술을 받아도 싱가포르에 비해 1/3, 홍콩의 1/4, 미국에 비해서는 1/10밖에 안 되는 저렴한 비용이라고 병원 측은 밝힌다. 바로 이 점에 착안해 외국인 환자들 유치에 초점을 맞춘 이 병원의 공격적인 마케팅 전략은 이미 세계적으로 정평이 나 있다. 전문 경영인 출신의 미국인이 경영을 떠맡으면서 시장의 특성을 과학적으로 분석하고 그를 바탕으로 마케팅 전략을 세우고 있다.

이 병원의 전략적 상품 가운데 대표적인 사례가 '꿩 먹고 알 먹고' 상품이다. 방콕에서 저렴한 비용으로 수술도 받고 호텔 같은 좋은 병실에서 요양하면서 방콕관광을 할 수 있는 패키지상품을 개발해낸 것이다. 여행사와 연계해 세계 각국에 홍보에 나선 결과 이 병원은 동남아에서 외국인 환자가 제일 많은 병원이 됐다. 전 세계 190개 나라에서 몰려드는 외국인 환자수가 연 40만여 명을 넘는다.

최근에는 한국인 환자들이 늘어나는 추세에 발맞춰 발 빠르게 한국인 교민들을 상대로 한국의 유명 산부인과 의사들 초청해 노화방지 세미나를 열 정도로 마케팅이나 홍보가 아주 기민하다. 병원 측의 탁월한 경영방식에 태국 정부의 전폭적인 뒷받침에 힘입어 외국인 환자들은 갈수록 늘어나고 있다.

2011년 태국은 전 세계에서 2백만 명의 의료관광객을 유치했고 1,500억 바트의 수입을 올렸다. 의료 관광객 수만 비교하면 우리나라보다 13배 정도 많다. 2015년까지는 천만 명의 의료관광객을 유치한다는 계획이다. 아무래도 태국은 경쟁력 있는 상품은 무엇이던 관광자원으로 만들어 버리는 노하우가 탁월한 듯싶다.

2부

태국의 정신과 문화유산

태국 왕 이야기

오래전에 쿠데타가 발생한 태국의 뉴스를 전 세계 방송사가 전한 적이 있다. 이 당시 국왕에게 무릎을 꿇은 쿠데타 주역의 모습이 방영되어 세계의 시청자들에게 신선한 충격을 던져주었다. 지금이 어떤 시대인데 아무리 국왕이라지만 사람과 사람 사이에 저런 예의차림이 가능할까 하는 의문 때문이다. 겉으로의 모습만 봐도 충격인데 나아가 국왕이 서슬이 시퍼런 쿠데타 권력자에게 물러날 것을 요구하기까지 한다. 그러자 쿠데타 주도자는 두말없이 복종해 권력을 내놓고 물러간다. 아예 불가사의하다는 생각까지 든다.

태국은 이렇듯 왕이 절대적인 위상을 갖고 있는 나라이다. 영국이나 일본도 입헌군주제를 유지하며 왕이 존재하고 국민들의 존경과 신뢰를 받지만 태국에 비할 바는 못 된다. 태국에서는 왕이 그야말로 신격화되어 있다 해도 과언이 아니다. 태국 사람들은 **지폐**를 구기거나 접지 않는다. 왕의 모습이 담겨져 있기 때문이다. 거리에서나 관공서는 물론이고 가정에서도 왕의 초상화를 흔히 볼 수 있다. 외형적으로만 보면 사후에 조차 김일성, 김정일을 우상화하는 북한에 뒤지지 않을 것이다. 하지만 태국의 왕은 권력의 무서움으로 충성을 강요하는 북한과는 근본적으로 다르다. 권력자를 존경하도록 정치적 상징조작이나 이데올로기의 학습을 강요하지도 않는다. 태국 국왕에 대한 존경은 모두 국민들의 자발적 복종과 충성의지에서 나오는 것이다.

무엇이 왕에 대한 절대적 복종과 신뢰, 애정을 가능하게 하는 것일까? 이는 왕의 왕다운 모습에 연유한다. 왕의 모습이 자나 깨나 국가의 안위와 민초들의 삶을 걱정해 자신을 헌신하는 어버이로서 국민들에게 깊이 각인되어 있는 것이다. 왕은 인내와 절제와 지혜의 화신처럼 되어 있다.

푸미폰 현 국왕(라마 9세)은 1946년 19살의 나이로 왕이 됐다. 이제까지 여자관계로 인한 스캔들은 물론이고 축재 등 재산문제로 구설수에 오른 적이 한 번도 없다. 평생 먹고 살 걱정이 없어서 취미생활에만 몰두하는 왕도 아니다. 하고 싶은 일을 마음 내키는 대로 하고 다니며 끊임없이 구설수에 오르는 왕족들과 근본적으로 다른 것이다. 말을 많이 하는 것도 아니고, 현실정치에 부적절하게 개입해 체면을 구긴 일도 없다. 하지만 단순히 은둔자의 모습만은 아니다. 나라를 위해 필요한 말은 때가 되면 꼭 하고 행동해야 할 때면 직접 나선다. 나라의 리더십이 위기에 처하는 등 결정적인 때는 직접 나선다. 상황에 적합한 말로 정곡을 찔러 난마처럼 엉킨 정국의 실타래를 풀어내는 능력을 발휘하는 것이다. 1973년 왕궁 문을 열어 반정부 시위 혐의로 수배 중이던 대학생들을 보호해 군부 정권에 불만을 표시한 사례가 대표적이다. 1992년에는 군부 정권에 의해 임명된 수친다 총리의 하야와 망명을 직접 권유해 관철시키는 등 정치적 위기 때에 왕이 결정적 역할을 했다. 19차례나 쿠데타가 일어난 복잡한 현대사에서 인내와 절제 그리고 절묘한 때 개입하는 지혜의 덕목을 보이며 왕의 권위를 유지해온 것이다.

무엇보다 왕에 대한 국민들의 절대적인 존경심은 애민하며 헌신하는 왕의 삶의 자세에서 나온다. 이와 관련한 일화도 적지 않다. 어느 지방에서 폭풍으로 제방이 무너질 위기에 처하자 왕이 일부러 그 마을을 찾아갔다. 가서 제방을 고치라는 명령을 내린 것도 아니고 제방을 고친다고 동분서주하고 다닌 것도 아니다. 단지 그 마을에 머무르기만 했을 뿐이다. 하지만 제방이 무너지면 마을이 쑥밭이 되고 왕도 피해를 입을 건 자명한 일. 수행원들과 관리들, 마을 사람들이 사력을 다해 제방을 수리했고 그로 인해 마을은 화를 면했다고 한다.

또 태국 동북부에 가뭄이 들자 왕이 국민과 함께 고통을 분담한다며 일주일 동안 단식에 들어갔고 일주일후 비가 내렸다 한다. 이런 갖가지 일화는 국민들의 마음속에 낮은 자리에서 민초들과 애환을 함께 하는 왕의 모습으로 자리 잡아 있다. 실제로 푸미폰 국왕은 그 어느 자연 과학자 못지않은 인공강우 전문가다. 일찍부터 인공강우 기술개발에 헌신해 1970년대에는 자체기술을 개발한다. 2005년에는 유럽특허사무소로부터 특허를 받아 선진국들에게서 공인을 받을 정도다. 1년에 4모작하는 농업국가에서 가뭄이 백성들에게 가져다주는 고통을 덜어주고자 자신을 헌신해 온 것이다. 그 결과 1988년에는 막사이사이상을, 2006년에는 유엔개발계획(UNDP)에서 제정한 인간개발 평생업적상을 수상하기도 했다. 신분과 종족, 종교를 초월해 극빈자들을 위해 평생을 헌신한 공을 인정받은 것이다.

이런 왕이 존재하는 한 태국 사회는 안정될 수밖에 없다. 현실정치에서 어떤 권력다툼이 벌어지거나 정국이 요동을 친다 해도 국왕이 태산처럼 버티고 중심추 역할을 해주기 때문이다.

문제는 왕의 사후이다. 태국인들은 최근 들어 노환이 잦은 현재의 왕이 가고 난 뒤를 몹시 우려한다. 현재의 왕세자가 그리 믿음직하지 못하기 때문이다. 여자관계 스캔들도 적지 않았고 갖가지 활동 등을 통해 드러나는 그의 모습은 여러모로 믿음직한 인물로 그려지지 않는 것이 사실이다. 그러다보니 지혜와 총명이 넘치고 독신으로 살면서 갖가지 사회구제에 헌신적인 큰 공주에 절대적 존경심을 보내고 있다. 한때 일부 태국인들은 공주가 왕위를 이어야 한다고 주장했을 정도이다. 하지만 시린톤 공주가 왕위를 계승한다면 현재의 권력구조로서는 큰 혼란을 피할 수 없다. 공주 자신도 이를 알기 때문에 자신이 왕위를 계승하는 일은 절대 없다고 공언하고 있다. 태국 국민들도 이를 잘 알고 있다. 하지만 그러면 그럴수록 태국인들의 고민은 더 크다. 그만큼 현 푸미폰 왕의 존재는 더 커져 태국 사회에서 그는 '살아있는 신'으로까지 숭앙받고 있다.

출라롱콘 대왕

출라롱콘 대왕 이야기

어느 나라나 역사를 보면 나라를 살렸다거나 하는 걸출한 지도자가 있기 마련이다. 태국에는 **출라롱콘 대왕**이 있다. 현 라마왕조의 5번째 왕이다. 그 이름을 본 딴 출라롱콘 국립대학은 태국제일의 명문대학이다. 출라롱콘 대왕은 1868년에 태어나 15살의 나이로 왕위에 오른 뒤, 1910년까지 42년간 재위하면서 태국 근대화를 이뤄낸 인물이다. 그의 아버지는 몽쿠트 왕이다. 대머리 배우로 유명한 율브린너가 열연했던 ≪왕과 나≫라는 영화의 실존 모델이다. 몽쿠트 왕은 제국주의 시대 서구 열강이 휩쓸고 다니던 시절 사직 존속의 어려움을 일찌감치 깨달은 현군이다. 1865년 영국과 우호통상조약을 체결하는 것을 시작으로 미국과 프랑스, 덴마크, 네덜란드, 노르웨이 등 당시 서방의 강대국들과 잇따라 우호관계를 맺었다. 열강들 간의 세력 균형을 통해 나라를 보존하는 데 심혈을 기울였던 것이다. 구미선진 문물을 열심히 받아들여 나라의 체제를 개혁해 나갔고 왕자들에게도 영·미 가정교사를 붙여서 서방 선진국의 문물을 가르치는 데 앞장섰다.

부왕의 가르침이 헛되지 않아 출라롱콘 대왕은 조국을 근대국가로 탈바꿈시키는 데 일생을 바친다. 각종 신문물의 도입이나 노예제 폐지 등 여러 가지 면에 있어서 전통사회의 태국에서는 상상하기 힘든 개혁 작업을 진두지휘했다. 그래서 태국 근대화의 화신으로 불린다. 그런데 재미있는 일은 출라롱콘 대왕의 그런 과감한 개혁은 개인적인 비극 때문에 가능했다는 분석이다.

얼마 전 종영된 조선시대 의사를 다루며 인기를 모았던 MBC ≪마의≫에서 다음과 같은 에피소드가 있었다. 권세가의 과부 며느리가 유방암에 걸려 수술 외에는 치료방법이 없었다. 하지만 시아버지인 권세가는 체면 때문에 며느리 몸에 손을 대는 치료에 반대했다. 왕도 치료를 허락했으나 유생들이 '신체발부 수지부모'라며 치료를 반대하는 상소를 올리는 등 갈등이 확산된다. 우여곡절 끝에 수술을 해서 해피엔딩으로 끝났으나 출라롱콘 대왕의 경우는 이와 유사하면서도 정반대의 결과를 낳은 비극이 있었다.

젊을 적에 왕비와 딸이 익사한 사건이 일어났는데, 태국의 전통 궁중법규 때문에 참사가 발생한 것이다. 과거에 태국에서는 왕권의 위상을 세우고 평민들과 구별하기 위해 엄격한 법이 있었다. 그래서 "배가 침몰해 왕족이 물에 빠지면 코코넛을 던져주거나 깃발 창을 내밀어서 구해야 하며 직접 접촉해서 붙잡아 구하면 사형에 처한다"는 조문이 있었다고 한다. 실제로 출라롱콘 대왕의 왕비와 딸이 수로에 빠져 죽어가는 사건이 일어났는데, 모두 발발 동동 구르며 지켜볼 뿐 구하기 위해 물로 뛰어드는 신하가 한 사람도 없었다. 결국 왕비와 딸은 죽고 말았다. 실화라고 믿기에는 참으로 어처구니없는 일이다.

하지만 개인적인 슬픔이 고대국가 태국을 근대화하는 데 분명 약이 됐다. 출라롱콘 대왕의 개혁 작업은 눈부신 것이다. 우선 그는 부복제를 폐지했다. 부복 제는 오래전에 쿠데타를 주도한 장군이 푸미폰 국왕 앞에 나갈 때 무릎 꿇고 나가는 모습이 방영됐는데, 바로 이 부복제 관행에 따른 것이다. 옛날 태국에서 왕 앞에 나갈 땐 신민은 지위고하를 막론하고 발 아래 머리를 조아리고 엎드려야 했는데 이를 출라롱콘 대왕은 없앤 것이다. 대왕은 부복제 대신에 신하들을 의자에 앉게 하고 시종들은 무릎만 꿇게 하는 방식으로 개혁한 것이다.

출라롱콘 대왕은 또 노예제도를 폐지했다. 개혁에 저항하는 귀족세력에 맞서 힘을 비축한 결단을 내린 것이다. 서양문물을 받아들여 철도와 운하도 건설했다. 우편신제도를 도입했으며 병원 등 공공 후생시설과 의무교육 제도를 도입했다. 왕자들을 비롯해 수많은 나라의 인재들을 영국 옥스퍼드 대학 등에 보내 수학시키기도 했고, 자신이 직접 두 차례 유럽을 방문해 정상외교를 펼치기도 했다. 인근 수많은 동·서·남·아시아 국가들이 제국주의의 파고에 휩쓸려 제물로 희생당했을 때도, 태국은 영국과 프랑스에 영토를 일부 할양하는 수모를 겪기도 하긴 했지만 나라 자체의 독립이 흔들린 적은 없었다. 한 마디로 위기의 시대 격랑의 파고를 왕이 탁월한 통찰력과 선구자적인 안목으로 헤쳐 나가 국가의 독립을 보전해 낸 것이다.

태국 국민들은 그의 재위 40주년을 맞아 자발적으로 왕의 동상을 건립하고 그가 세상을 떠난 10월 23일을 출라롱콘의 날로 정해 매년 그의 공적을 기리고 있다.

관광지로 바뀐 골든트라이앵글

태국 골든트라이앵글은 한때 아편재배의 대명사로 불린 곳이다. 이 곳은 중국에서부터 흘러 내려오는 메콩 강이 미얀마, 라오스, 태국과 만나면서 형성된 삼각주 지역이다. 메콩 강을 사이에 두고 중국과 미얀마, 라오스의 국경이 서로 만나는 곳을 상 골든트라이앵글, 미얀마, 라오스, 태국의 국경지역이 만나는 곳을 하 골든트라이앵글이라 한다. 유역면적이 22만 5천 km에 이른다. 골든트라이앵글이란 명칭은 메콩

강을 사이에 두고 이웃으로 살아가는 나라들이 화폐 대신 이 지역에서 많이 나는 금을 사용하면서 유래한 지명이라고 한다. 평화롭던 이곳에서 **양귀비가 재배**되고 미얀마 반군세력인 아편왕 쿤사가 세계 시장의 70%를 공급하면서 아편의 대명사처럼 알려지게 됐다.

마약과의 전쟁을 치르고 있는 태국은 북쪽 산악지역이 미얀마와 맞닿아 있다. 치앙마이, 치앙라이, 매홍손 등의 지명들이다. 이들 지역의 고산지대에는 집도 땅도 시민권도 없는 소수민족들이 화전민으로 살고 있다. 가난이 숙명이 이들에게 마약 역시 숙명과 같다. 이들은 고산지역에서 살며 아편 재배가 자연스런 삶의 일부가 되어왔다. 일상적으로 아편을 복용해온 이들이기에 어느 날 갑자기 정부정책이 바뀌었다고 마약을 끊기는 어렵다. 그래서 태국 정부가 마약전쟁을 시작한 이후에도 국경너머 미얀마에서 끊임없이 밀려드는 마약의 유혹에 쉽사

리 넘어갈 수밖에 없다. 더욱이 가난하고 시민권이 없어 이렇다 할 직업구하기도 어렵기 때문에 이들은 쉽사리 마약사범들에게 고용될 수밖에 없다. 단지 마약봇짐을 지고 철책이 없는 산악국경을 넘나들면 그네들 형편에는 거액의 돈을 만 질수 있기 때문에 더욱 그렇다. 그래서 **고산족 마을**은 어딜 가나 마약은 숙명의 굴레와 같다. 그만큼 태국 단속당국은 고산족들을 일단 마약운반사범으로 의심해 그들을 가혹하게 대하는 경우가 많다.

이런 **고산족**들에게 갱생의 길을 열어준 사랑의 천사가 현 푸미폰 태국국왕의 어머니이다. 왕비는 노년에 치앙라이 도이(태국 북부어로 '산'이라는 뜻)퉁 지역에서 살면서 고산족들을 마약에서 건져내는 일에 일생을 바친 인물이다. 도이퉁은 마약의 대명사인 골든트라이앵글 지역에서도 아편의 최대생산지로 매년 양귀비꽃이 가장 화려하게 피었던

곳이다. 바로 이곳에서 태국왕가는 이 왕비의 아이디어와 정신에 따라 지난 1988년부터 도이퉁 프로젝트를 시작했다. 이 프로젝트의 목표는 두 가지이다. 고산족들을 마약중독에서 해방시키는 것과 고산족들에게 마약과 관련된 일 대신에 새 일자리를 주는 것이다. 태국 정부는 막대한 예산을 들여 고산족들에게 아편의 해악을 가르치고 아편대신 특용작물 등 대체작물 농법을 지도한다. 특히 아라비아 커피를 이곳 고산지에서 재배해 성공했다. 그 결과로 이 지역에서 나오는 도이퉁 커피와 도이창 커피는 전 세계에서 가장 질 좋은 커피브랜드로 인정받고 있다. 왕비가 직접 앞장선 데다가 태국 정부의 전폭적인 뒷받침을 받아 도이퉁 프로젝트는 계속 이어졌고, 20년이 넘어 이제 도이퉁에서 아편 밭은 완전히 사라졌다.

때가 되면 양귀비꽃으로 가득하던 도이퉁 한복판에는 아편의 무서움을 알리는 아편박물관이 지어졌다. 풍광이 좋은 지역은 관광지로 탈바꿈했다. 골든트라이앵글 지역을 찾는 관광객만도 한해 20만 명에 관광수익이 20억 원에 이른다. 특히 **왕비가 말년에 머물던 도이퉁 빌라**는 미얀마를 내려다보는 산악 국경지역에 매우 아름답게 지어진 곳이다. 각종 기화요초로 가득한 정원이어서 치앙라이 최고 관광상품이 되고 있다. 왕비가 거주하던 대저택 안에는 왕비의 생전 유품들이 가지런히 놓여 있다. 유품 하나하나와 저택의 곳곳에서 고산족들을 헌신적으로 사랑했던 왕비의 고귀한 정신이 느껴진다. 가뜩이나 태국왕가에 대한 존경심이 뿌리 깊은 태국인들인지라 숙연한 마음으로 들러보곤 한다. 왕비의 염원대로 골든트라이앵글 태국지역에서는 이제 양귀비와 아편은 사라졌다. 하지만 마약문제는 여전히 이 지역의 고질적인 문제이다. 왜냐하면 철책하나 없는 산악국경지역을 통해 끊임없이 마약이 넘어오기 때문이다.

벤츠로 가득한 절

태국은 불교국가답게 절과 승려들의 활동이 활발하다. 국민들 신심만큼이나 절마다 돈 걱정 안 할 만큼 재정 능력이 좋다. 그래서 환경이나 동물보호 문제, 각종 사회사업 등을 절이 주도적으로 나서서 하는 경우가 많다. 절의 주지승들이 힘이 있어서 주지승의 철학이나 신념, 기호에 따라 절의 운영방향이나 사업이 결정된다. 그러다보니 주지승의 기발한 아이디어로 구경거리가 된 절들도 많다.

그 가운데 필자가 가본 방콕 근교의 한 절은 절 전체에 온통 벤츠 자동차로 가득하다. 비까번쩍한 갖가지 모델의 벤츠가 절 마당에 전시되어 있는 것이 마치 자동차 전시장에 와 있는 듯하다. 그런데 자세히 보면 최신형은 하나도 없다. 모두 오래된 고전형 모델들이다.

하나같이 깨끗한 외관이어서 앤티크 자동차로 가치가 충분할 듯싶다. **절 마당은 마치 벤츠 박물관**을 연상케 할 정도이다. 벤츠만이 아니다. BMW나 랜드로바 등 각종 유명 브랜드 차에 짚차까지 웬만한 모델의 차들이 절 한 곳을 가득 메우고 있다.

차뿐이 아니다 각종 차의 부속품들도 쌓여 있어서 절 전체가 마치 정비 공장처럼 보인다. 실제로 누런 승복을 입은 승려들이 차를 이리저리 들여다보면서 연장을 들고 차를 고치고 있다. 모습이 우스꽝스럽기도 하고 혼란스럽기까지 하다. 그야말로 승려들이 '웬일이니'인데 사실은 모두가 차량정비를 배우며 실습하고 있는 것이다. 그렇게 된 데에는 공대출신 엔지니어인 이 절의 주지승 생각에 기인한다.

주지승은 두 가지 이유에서 차량정비를 승려들에게 가르치고 있다. 첫째는 승려들도 사회에 나가면 뭔가 기여할 수 있는 기술이 있어야 한다는 생각이고 둘째는 자원절약 차원에서 시작했다고 한다.

불교국가 태국에는 남자들은 평생 한 번씩은 출가해 승려의 경험을 쌓는 전통이 있다. 그래서 절과 속세를 오가며 아무 생각 없이 한가하게(?) 사는 젊은이들이 더러 있다. 이들은 실상 아무런 직업이나 기술도 없고 배움이 없는 경우가 많다. 그래서 이런 젊은이들도 승려로서 도력을 쌓는 전업승려(?)가 아닌 바에야 사회에 나갔을 때 사람들에 기여할 수 있고 밥벌이도 할 수 있는 기술을 배워야 한다는 것이 주지승의 생각이다. 주지승의 깊은 뜻을 이해해 젊은 승려들은 열심히 기술을 익히는데 솜씨가 제법이다. 다 망가진 중고차들이 이곳에만 오면 비까번쩍한 차로 거듭나는 것이다.

절에서 차량정비기술을 가르친다는 소문에 마을 젊은이들까지 기술을 배우러 온다. 절이 정비 학원 아닌 학원이 되어 가고 있는 것이다. 특히 절에 불공드리러 오는 신도들까지도 폭발적인 반응으로 보이고 있다. 신도들이 망가진 차나 폐차직전의 차를 끌어다 놓는 것이다. 신도들이야 어차피 버릴 차 절에 시주하면 인심 쓰고 맘이 얼마나 편하겠는가? 그래서 신도들이 연일 끌고 오는 차로 절 마당이 가득하다. 주지승은 신도들이 끌고 오는 차는 아무리 똥차(?)라도 마다하는 법이 없다. 다 고쳐서 타거나 부품을 뜯어서 알뜰히 활용하기 때문에 이 절은 자원절약의 대명사로까지 알려져 있다. 벤츠가 유독 많은 이유도 자원절약차원과 연관된다. 주지승 자신이 벤츠를 오래 탈 수 있는 차의 상징으로 생각하는 때문에 벤츠가 저절로 많아졌다는 대답이다. 이래저래 이 절은 방콕의 또 하나의 명물로 떠오르면서 관광객들이 몰려들고 있다. 이러다가 혹시 중고차를 파는 일도 하지 않을까 하는 엉뚱한 생각이 드는 절이다.

유리로 만든 절

유리로 만든 절

태국 방콕에서 북동쪽으로 6백여 km를 달려가면 시사켓이라는 소도시가 있다. 크메르 사원들이 여기저기 흩어져 있는 이 도시는 남쪽으로 캄푸차, 동쪽으로는 우본라차타니와 접경지이다. 이곳에는 해만 뜨면 눈부시게 반짝거리는 절이 있다. **절 전체가 빈병으로 지어진** 때문이다. 절 안에 있는 모든 건물의 외장 전체를 병을 붙여서 건물을 지어놓은 까닭에 해만 뜨면 햇볕에 반사되어 모든 건물이 반짝거리는 모습이 되는 것이다. 건물 안에 있는 갖가지 불화는 병마개를 붙여서 만든 모자이크씩 벽화이다. 빈병을 이렇게 완벽한 용도로 쓰기가 쉽지 않으리라 싶다. 본당 등 모든 건물을 병으로 짓는데 지금까지 사용된 병 개수가 천 만여 개 이상이라고 한다.

이렇게 많은 병들이 모인 것은 물론 불심 지극한 신도들 때문에 가능한 일이다. 불교국가 태국에서는 승려들의 기발한 아이디어가 곧장 행동으로 옮겨져 큰일을 이루곤 한다. 일반 신도들의 절에 대한 헌신이나 후원이 든든한 것이다. 이 절의 경우는 주지승이 꿈에 거대한 유리컵 절을 보고난 뒤 아이디어를 내놓자 신도들이 앞을 다퉈서 빈병을 가져와 이렇게 기발한 절이 만들어지게 됐다 한다.

특이한 절인 만큼 몰리는 관광객들 발길이 만만치 않다. 하루 300~400명씩의 관광객들이 매일처럼 몰려든다. 많을 때는 하루 만 명이 찾기도 한다. 외국에서까지 소문을 듣고 찾아오는 관광객이 있을 정도이다.

문제는 병들이 깨지는 경우가 가끔 있어서 보수공사가 만만치 않은 점이다. 병들을 촘촘히 엮어서 붙여놓은 데다가 병 안쪽이 시멘트인 까닭에 깨진 유리를 갈아 끼우는 작업이 사실상 불가능한 것이다. 그래서 병이 깨지면 그만큼 흉해지기 때문에 병 파손이야말로 절의 최고 근심거리 중 하나가 되고 있다. 아무튼 스님들의 기발하고 때론 황당해 보이는 생각이 곧바로 행동으로 옮겨져 현실화될 수 있는 것을 보면 태국은 정말 불교국가라는 생각이 든다.

콰이 강 승려들의 수중묘기

태국 칸차나부리에 있는 콰이 강의 다리는 2차 세계대전 당시 일본군이 연합군 포로들을 강제 노역시켜 건설한 다리이다. 그 영화의 유명세로 인해 태국 내에서도 외국인 관광객들의 발길이 많이 몰리는 곳이다.

바로 이 콰이 강에서 어느 날 사체 2구가 물에 떠내려 오고 있었다. 자세히 보니 움직이는 것이 사체가 아닌 사람이다. 그냥 물에 떠내려 오는 게 아니라 눕거나 엎드리거나 결가부좌한 자세를 취하기도 한다. 물에서 자유자재로 움직이면서 가라앉질 않는 모습이 여간 흥미로운 게 아니다.

동작의 주인공들은 태국 내에서 물에 뜨는 승려로 유명해진 여인들이다. 시범을 보인 여인들의 이름은 렉과 웽. 각각 73kg과 56kg의 체중으로 여성으로는 적지 않은 몸무게임에도 물에 자유자재로 뜰 수 있는 능력을 갖고 있다. 이들은 칸차나부리 시내에서 10여 분 거리의 한 절에 소속된 여승들이다. 이 절에는 **물에 뜨는 묘기**를 할 수 있는 여승들이 모두 4명이 있다. 이들은 절 한쪽에 마련된 큰 우물통에서 매일 물에 뜨는 시범을 보인다.

절 측에서는 관광객들에게 20바트, 우리 돈 700원 정도의 입장료를 받는다. 원래는 저가여행으로 유명한 중국 여행사들의 관광상품으로 시작되어 중국인들이 많이 몰려왔다. 점차 알려지면서 최근에는 한국 여행사들까지 관광상품으로 추가해 한국인 관광객들도 많이 찾고 있다.

스님들이 물에 뜨는 능력을 갖게 된 것에 대한 설명은 저마다 다르다. 렉스님은 3달간 불공을 드리던 중 낙태한 아기영이 자기 몸에 들어온 것을 느끼고 난 뒤부터 물에 뜨는 능력이 생겼다고 말한다. 웽스님은 선을 통한 오랫동안 정신집중과 불공을 오래한 뒤에 생긴 능력이란다. 두 사람 다 연습을 통해 이러한 능력이 배양된 것이 아니고 종교적 배경을 내세우는 것이 공통점이다. 관광객들 역시 일차 물 뜨는 시범에 감탄하는데 이들 가운데 일부는 이를 무슨 불교의 신통력이나 영험함으로 연결시켜 스스로 감격에 빠지기도 한다.

그래서 우물 옆에 마련된 재단에 복을 빌면서 돈을 헌납한다. 입장료에 재단에 바친 돈까지 적지 않은 돈이 쌓이는 듯 이 절은 곳곳이 금치장이 유난히 많이 뜨인다. 특히 마당 중간에는 실물 몇 배 크기의 동자승상이 금복주 소주광고에 나오는 두꺼비 배처럼 솟아나온 배를 가진 동자승이 앉아 있는 모습이 실물 몇 배 크기로 만들어져 있는데 금빛치장으로 화려하다. 배꼽 부근에는 복을 빌어 던진 동전들이 쌓여 있는데 한편으로는 재물에 대해 너무 노골적인 절 측의 장삿속 성향을 보는 듯해 씁쓸한 느낌이다. 어찌됐거나 이 절에는 물에 뜨는 스님들을 보러 오는 관광객들이 갈수록 늘어나 절 측은 나날이 즐거운 비명이다.

말타는 소년 승려단

태국의 북부 치앙라이 미얀마와의 국경지역에는 **말을 타고 떼로 다니는 일단의 승려들**이 오래전부터 화제이다. 수십 명의 승려들이 말을 타고 석양에 뿌연 먼지를 일으키며 산악지역을 내달리는 모습은 마치 영화의 한 장면같이 아름답다. 능숙한 솜씨로 말을 부리는 승려들은 모두 10대 소년들이다. 소년승려들을 이끄는 승려는 50대의 주지승이다. 이름은 끄루바느아차이라고 한다. 오래 전부터 고산족들에게 마약 계도 활동을 벌이고 있는 승려로 유명하다. 출가하기 전의 원래의 직업은 무에타이 선수였다. 어느 날 갑자기 뜻을 품고 승려가 된 뒤 고산족을 마약에서 구해내는 것을 소명으로 생각하고 있다. 추종하는 소년승려들과 함께 말을 타고 국경지역 고산족 마을을 돌아다니며 마약의 해악에 대해 설법을 한다.

태국의 불교사원에서는 주지승의 기호나 철학에 따라 절의 상징조각이 저마다 다른 모습을 볼 수가 있다. 이 절에는 주지승의 출신을 반영한 때문인지 곳곳에 무에타이 복서 조각이 눈에 띈다. 주지승은 산악지역을 누비고 다니다가 언제 맞닥뜨리게 될 지모를 마약범들로부터 스스로를 지킬 수 있도록 **소년 승려들에게**

무에타이를 가르친다고 한다. 드넓은 사원경내에는 말들이 여기저기 묶여 있는데 모두 백여 필이나 된다. 소수민족들이 모여 사는 고산지대 마을은 차로 접근할 수 없는 곳도 많아 말이 필수적인 교통수단이다.

주지승을 추종하는 소년 승려들은 대부분 10대 소년들이다. 모두가 고산족 출신 고아들이다. 절에서 함께 기거하며 말을 돌보면서 기마술을 배운다. 주지승에게 교육을 받고 무에타이 훈련도 받는다. 또래들이 함께 생활하며 먹을 것, 입을 것, 잠잘 것 걱정 전혀 없이 말을 타고 다니는 재미에 그저 행복하기만하다. 원래 하루하루 끼니거리를 걱정하고 살만큼 고산족들의 형편은 어렵다. 부모를 잃은 소년들을 돌봐 줄 이가 제대로 있을 리 없다. 주지승이 고산지대를 다니다가 발견한 고아 소년들을 데리고 와 먹을 것과 잠자리를

제공하고 교육까지 시켜주는 것이다. 특히 마약에 대한 해악을 집중적으로 가르친다. 자신들이 떠나온 마을 어른들이 마약 때문에 그토록 고통을 받아야 하는지를 소년들이 알기 쉽도록 가르쳐

준다. 나아가 마약이 개인뿐만 아니라 공동체, 국가에 미치는 해악과 더불어 태국 정부의 마약과의 전쟁 상황까지 교육시킨다. 이쯤 되면 철이 든 소년들은 동족들을 마약에서 건져내야 하는 사명감(?) 내지 소명의식까지 생기게 된다. 중요한 일에 부름을 받았다는 자긍심까지 갖게 된다.

이렇게 해서 말을 타고 미얀마와 태국의 고산지대 국경지역을 누비는 마약 계몽 단이 생겨났다. 이들이 활동한 지가 벌써 20년 가까이 된다. 이들은 마약과의 전쟁을 벌이고 있는 태국군의

전폭적인 후원을 받는다. 고산족 마을마다 돌아다니며 고립되다시피 한 환경에서 사는 탓에 정보도 없고 무지한 고산족들에게 마약사범에 대한 정부의 무서운 정책도 전파한다. 처음에는 경계하다가 세월이 지나면서 자신들을 마약에서 건져내려는 이들의 진심을 고산족 주민들도 이해하기 시작한다.

이들의 활동과 태국 정부의 강경책에 힘입어 마을마다 마약사범이 줄어드는 등 상황은 분명 나아지고 있다. 하지만 태국 국경지역에서의 마약은 근본적으로 근절될 수가 없는 문제이다. 왜냐하면 경계 철책하나 없는 국경을 통해 미얀마 쪽에서 끊임없이 마약이 운반되어 오는 까닭이다. 그러면 그럴수록 마약계몽 승려단은 자신들의 소명이 막중하다고 믿는다. 그래서 오늘도 국경의 험한 고산지대로 말을 몰며 갈 길을 재촉한다.

차오프라야 강의 제비 사원

태국에는 특이한 절이 참 많다. 불교국가답게 절이 재력과 힘이 있다 보니 활동반경이 대단히 넓다. 절에서 하는 일을 보면 어떤 절은 자선 단체 같기도 하고 어떤 절은 환경단체 혹은 시민단체가

같기도 하다. 절에서 못하는 일이 없고 안하는 일이 없는 것처럼 생각될 정도이다. 주지승의 철학이나 기호에 따라 절들이 하는 일들이 다양하다.

방콕 차오프라야 강을 끼고 있는 한 절은 사원과 **주변에 온통 제비**로 가득해서 화제가 되고 있다. 30여 년 전 주지승이 절 건물로 날아든 제비 10여 마리를 돕기 시작하면서 유명해졌다. 날아든 제비들이 절 측에서 숙소를 무료 제공(?)한다는 사실을 소문내면서 계속 친구제비들이 몰려들기 시작했다. 30여 년이 지나면서 제비 수는 만여 마리가 넘을 만큼 많아졌다. 절 측은 아예 절 건물 하나 전체를 제비들에게 무료대여(?)할 만큼 친절(?)을 베풀고 있다.

한데 자세히 보면 제비들의 무료숙박은 아닌 듯싶다. 왜냐하면 제비들이 **값비싼 제비집**을 만들어내고 있기 때문이다. 중국 요리에서 '옌워'라는 제비집 수프는 상품이 1인분에 20달러할 만큼 비싸다. 이 비싼 요리의 원재료를 제비들이 만들어내는 것이다. **절 건물 벽에 온통 제비집**을 만들어 내면 승려들이 날을 정해 한 번씩 제비집을 따낸다. 절에서 한 해에 따내는 제비집이 5kg 정도 되는데 1kg에 3백여만 원에 팔린다고 한다. 운전기사 한 달 급료가 20만 원 정도인 태국물가를 생각하면 매년 1,500만 원의 수익은 결코 적은 돈이 아니다. 먹이를 따로 줄 필요도 없고 제비를 돌보기 위해 따로 사람을 고용할 필요도 없다. 제비들은 아침이면 잠자리를 벗어나 하루 종일 차오프라야 강변에서 놀다가 저녁이 되면 숙소로 돌아오는 생활의 반복이다. 더욱이 제비들은 해마다 그 숫자가 20%씩 증가를 한다고 한다. 절은 가만히 앉아서 거액의 공돈을 그저 벌어들이는 셈이니 이 돈을 갖고 뭐에 써야 할까? 절 측에서 결국 최근 태국에 불고 있는 컴퓨터 학습 열풍에 맞춰 이 지역 아이들의 컴퓨터 학습을 돕기로 결정을 했다. 제비집을 판 수익금으로 버스와 컴퓨터를 샀다. 버스 안에 컴퓨터를 설치해 이동컴퓨터 학습장을 만들고 컴퓨터를 가르칠 수 있는 스님도 양성을 했다. 이동 컴퓨터 학습장은 원하는 지역은 어디든지 달려가 컴퓨터 학습을 무료로 해준다. 집에 컴퓨터 따로 마련하기가 쉽지 않은 빈민가 지역 등에서 특히 인기가 폭발적이어서 예약이 늘 밀려 있는 실정이다. 이런 반응에 절 측도 상당히 고무되어 있다. 이동 컴퓨터 학습 버스를 갈수록 늘린다는 계획을 잡아놓고 제비집 수익 올리기(?)에 더욱 최선을 다하고 있다. 제비집과 관련된 각종 홍보유인물을 만들어 비치해 놓는 가하면 제비들을 잘 보호하기 위한 노하우를 승려들에게 가르치기도 하는 등 제비보호에 각별히 신경을 쓰고 있다. 덕분에 제비들이 갈수록 늘어나면서 절에 온통 제비 배설물이 가득해 스님들이 온종일 마당 쓸어내기 바쁘다. 하지만 이 어찌 기쁜 일이 아니겠는가? 하루 종일 빗질해도 좋으니 제비들이여 제발 많이 와서 열심히 집을 만들어다오 하는 심정으로 청소하지 않을까 싶다. 차오프라야 강과 제비들 그리고 태국 특유의 사원건물이 하나로 어우러진 이 절에는 이제 제비들뿐 아니라 관광객까지 갈수록 늘어나 부수입을 더해주고 있다.

신비의 타이마사지

관광대국 태국을 상징하는 것 중의 하나가 타이마사지이다. 태국을 찾는 외국인들이 대개 한 번쯤은 타이마사지를 경험한 뒤 속된 말로 뿅 가고 만다. 첫째는 그 시원하고 상쾌함에 뿅 가고 둘째는 **마사지하는 안마사**들의 정성과 기술에 반한다. 그리고 마지막으로 안마가 끝나고 난 뒤, 값이 상대적으로 저렴함에 뿅 가는 것이다. 한 시간을 꽉 채워서 온 몸을 구석구석 주물러 피로의 찌꺼기를 말끔히 제거하고 난 뒤 받는 돈이 350~550바트, 팁까지 더해 우리 돈으로 2만 원 조금 더 주면 되는 정도인 것이다. 한국에서 태권도 하면 웬만한 사람 다 한 번씩 배워본 적 있듯이 태국에서도 마사지 하면 보통사람들도 서당 개 3년이면 풍월을 읊는 식으로 조금쯤은 비슷하게 하는 듯싶다. 그만큼 마사지가 보편화된 것이다.

그만큼이나 타이마사지의 뿌리는 깊어 역사는 2,500여 년 전까지 거슬러 올라간다. 옛날 중국의 지압과 인도 요가의 맥을 이어받아 수세기에 걸쳐 발전해 온 기술로, 창시자는 Jivaka Komarabhacca란 인물로 타이 의학의 아버지로 불린다. 하지만 타이마사지의 기본은 수코타이 왕조시대(1686년경)에 체계화되어 1767년경의

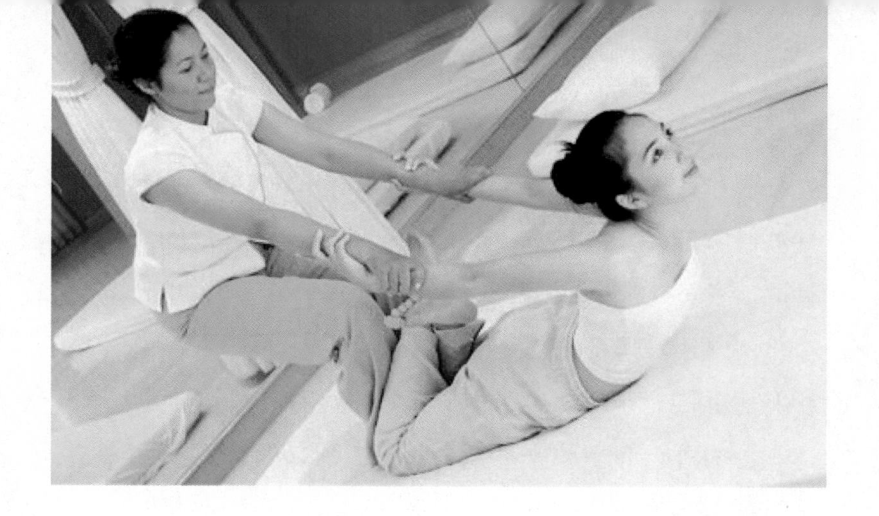

야유타야(Ayutthaya) 왕조 때 정착된 것으로 전해진다. 1832년 라마(Rama)III세에 의해 「Wat Pho」에 마사지 학교가 세워져 지금까지 이어지고 있다.

타이마사지는 척추 교정법이나 활법의 근본이 되는 중요한 치료법이지만 우리나라 사람에게는 이러한 점은 잘 알려지지 않았다. 타이마사지는 남파와 북파로 나뉘어 남파는 방콕의 왓포를 중심으로 북파는 치앙마이를 중심으로 발전되었다. 왓포의 타이마사지 학교는 매우 오랜 전통을 갖고 있기 때문에 그 기법을 불교 활법이라 불렀다.

전통 불교식 태국안마는 '전통 태국 마사지요법(The Art of Traditional Thai Massage)'이라고 불린다. 또는 '고대의 마사지(Ancient Massage)'라고 하기도 한다. 태국 마사지에도 중국의 경락학과 같은 기본적인 에너지 선에 대한 이론이 있다. 태국 마사지의 에너지 선은 열 종류의 큰 선으로 이루어져 있으며 인도의 요가에서 유래되었다. 이 선을 '씹선(sib sen)'이라 한다.

에너지 선은 7만 2천 개가 있으며 그 가운데 중요한 점이 있는데 이곳을 누르거나 주물러서 통증을 제거하고 질병을 치료한다. 서양에서 널리 알려진 Swedish Massage는 근육을 유연하게 하는 것이 그 주목적으로서 보통 15~30분 동안 근육을 풀어준다. 그러나 타이마사지는 근육을 풀어주는 것이 아니라 사람의 에너지를 강화한다는 의미로, 중국식으로 설명하면 기(氣)를 강화한다는 것이다.

타이마사지가 유명해지면서 전술한 왓포 학교에는 마사지 기술을 배우려는 외국인들이 전 세계에서 몰려들고 있다. 한국인들도 적지 않다. 기본과정에서부터 전문 과정까지 몇 가지 코스가 있는데 30만원에서 40만 원 정도의 비용이면 한 주 만에 간단한 자격증까지 딸 수가 있다. 적은 비용이 아님에도 관광차 왔다가 마사지에 반해 배워가는 외국인들이 적지 않다. 하지만 한 사람, 한 사람 만나보면 대개는 직업적인 동기로 배우러온 사람들이 많다. 이미 직업적으로 다른 안마기술을 갖고 있거나 마사지업소를 운영한다던지 하는 경우들이 대부분이다. 물론 한국에서 안마시술소를 운영하는 사람들도 포함되어 있다. 최근에는 왓포 안마학교에서 한국인의 모습이 부쩍 늘었다는 전언이다. 그래서인지 최근 우리나라 거리에는 태국 전통안마시술소가 급속도로 늘어나고 있다는 것이 확연하게 느껴진다.

그러나 아무리 좋은 타이안마라도 지나치면 좋지 않음을 경험적으로 깨닫게 된다. 안마 받고 나서 오히려 더 피로해지는 경우도 있으니까 말이다. 멀쩡한 근육을 한,두 시간 동안 주무르고 꺾고 하고 나면 오히려 없던 통증까지 호소하는 경우도 있다. 특히 체질적으로 약하게 받아야 할 사람이 강한 안마를 받는 경우가 그렇다. 골프를 하고난 뒤 팔다리 어깨에 뻐근함이 가득한 상태에서 받은 안마는 그야말로 받고나면 날아갈 듯하다. 하지만 이렇다 할 피로가 없는 좋은 컨디션에서 받는 안마는 효과가 없고 오히려 역효과를 내는 것이다. 그런데도 태국을 처음 찾는 이들은 피로할 때 받은 안마의 맛을 기억하고 안마 값이 싸다고 매일처럼 안마를 받다가 이런 경험을 하게 되면 고개를 갸우뚱하게 되는 것이다. 타이안마의 경우에도 과유불급이란 말은 딱 맞는 말이다.

지체아 일으키는 사랑의 타이마사지

태국에 가면 거리에서 제일 흔하게 볼 수 있는 것 중 하나가 전통 안마집이다. 태국에서 마사지하면 두 종류로 나뉜다. 첫째는 마사지를 빙자해 성적 서비스를 제공하는 마사지집이다. 이는 불법이지만 사실상 양성화된 형태로 운영이 되고 있다. 두 번째는 성적 서비스와 상관없이 순수하게 안마를 해주는 마사지집이다. 방콕의 후덥지근한 날씨, 에어컨으로 시달린 몸이 축축 늘어질 때 안마 한,두 시간 받고난 뒤의 상쾌함은 정말 이루 말할 수 없다. 더욱이 우리 돈 이만 원 정도만 주면 한 시간 동안 정성껏 안마를 해주는 데야 미안할 정도이다. 태국의 전통안마는 피곤한 몸 풀기에 그만이지만 노련한 안마사들은 단순이 피로를 풀어주는 정도에서 끝나지 않는다. 몸의 아픈 부위까지 파악해서 관련된 부위를 집중적으로 주물러줘 치료 효과를 내기도 한다. 이런 경우를 경험해 보면 안마가 아닌 의사가 아닌가 하는 생각이 들 정도이다.

실제로 **태국의 전통안마를 이용해 뇌성마비 장애아들을 치료**하는 곳이 있기도 하다. 방콕시 외곽에 위치한 한 장애인 복지재단에는 매일 뇌성마비 정박아들이 부모나 할아버지 할머니 손에 이끌려 온다. 이곳에서는 오랜 경험의 안마사들이 정박아 부모나 조부모들에게 마사지 테크닉을 가르쳐 준다. 보호자들은 배운 테크닉을 곧바로 장애아 손자. 손녀나 자녀들을 대상으로 실습을 한다. 자기 아이들에게 해주는 만큼 주무르는 동작 하나하나에는 사랑과 아이가 낫기를 바라는 간절한 마음이 가득 담겨 있다.

그러나 아무리 정성을 드려 안마를 한들 선천성 뇌성마비로 팔다리가 부자유스럽고 지능이 떨어지는 아이들에게 효과가 있을까? 결론은 '효과가 분명 있다'이다. 이곳에서 안마기술을 배워 매일 아이들에게 안마를 해준 보호자들은 한결같이 안마의 효험을 증언하고 있다. 어떤 할아버지는 혼자서 앉을 수 없었던 4살배기 손녀가 안마 받은 지 넉 달 만에 혼자 힘으로 앉을 수 있게 된 모습을 봤을 때의 감격을 이야기했다. 정박아로 말을 전혀 못하던 아이가 더듬더듬 입을 떼며 말을 하기 시작했다고 말하는 엄마도 있다. 장애아를 둔 부모나 조부모들이 한결같이 안마를 시작한 뒤 아이들에게 나타난 놀라운 변화를 증언하고 있는 것이다.

이 장애아 재단의 원장인 프라폿 박사는 현직 의사이다. 장애아 14명에게 안마치료를 시도했는데 모두가 효험을 봤다고 말한다. 아이들이 모두가 손발의 놀림 등 동작이 한결 자유로워졌다는 것이다. 재단에서는 아이들에게 나타난 이런 변화를 일일이 사진촬영을 해서 아이들의 신체발달 상태를 기록으로 남겨 임상결과를 과학적으로 분석하는 작업을 시도하고 있다. 막연하게나마 안마가 근육의 긴장이나 인체의 막힌 혈도를 풀어줘 혈액순환을 촉진시켜주면 몸에 도움이 되겠지 하는 생각은 이전에라도 누구나 해 왔고 실제로 여러 가지 치료목적으로 고급 안마기술을 가르치기도 한다. 하지만 꾸준히 장기적인 안마가 뇌성마비 환자에게까지 효험이 있다고 생각하기는 쉽지 않다. 설사 그런 효험을 기대한다 해도 막연한 시도요, 체계적인 연구결과가 없었다. 하지만 이 장애아 재단에서는 사실상 처음으로 안마기술을 장애아 치료에 도입하는 연구를 진행하고 있는 것이다. 이 같은 사실이 알려지면서 이 재단에는 장애아를 둔 부모들의 발길이 나날이 늘고 있다. 더군다나 사랑의 안마효험이 마치 기적처럼 소문이 나면서부터는 해외에서까지 문의가 쇄도하고 있다.

시간의 구세주, 오토바이 이야기

태국에서는 시간이 강물과 같다. 시간이 강물처럼 유유히 흐르고, 멀리서 보면 멈춘 듯하다. 급할 것도 없고 서둘 것도 없다. '사바이 사바이(평안하게 평안하게)'다. 이 맛에 반해 대도시 경쟁사회에서 잘 나가가다가 어느 날 갑자기 다 정리하고 태국에 와서 정착하는 서양인들도 부지기수다. 태국에는 뭔가 사람을 편안하게 하는 마력이 있는 듯하다. 더운 날씨 탓이기도 하고 국민성 자체가 느긋하기 때문이리라.

하지만 이들도 서두를 때가 있다. 아침 출근시간이다. 이때 오토바이가 큰 역할을 한다. 교통지옥에서 시간에 쫓기는 이들을 구제해 주는 것이다. **골목마다 오토바이 운전사들**이 늘 기다리고

있다. 그리 멀지 않은 거리는 다 오토바이 몫이다.

말쑥한 신사복을 차려입은 신사나 **한껏 차려입은 숙녀도 오토바이**를 탄다. 붙잡을 것도 없는 오토바이 뒷자리에 타고 달리는 모습은 보기만 해도 조마조마하다. 하지만 대개들 아주 익숙하게 타고 간다. 겁먹은 표정도 전혀 없다. 사고 안 나는 게 신기하다.

실제로 타보면 그 이유를 알게 된다. 오토바이 운전사들의 기막힌 실력 때문이다. 아슬아슬하게 차 사이를 피해가는 솜씨나 뒤에 탄 사람을 의식해 위험한 상황을 피해가는 방어 운전기술이 정말 놀라울 정도다.

필자는 직업상 오토바이 도움을 결정적으로 받을 때가 적지 않았다. 주말에 골프장에서 느긋한 시간을 가질 때 갑자기 서울에서 연락이 온다. 9시 뉴스 아이템이 갑자기 잡혔으니 제작해 보내라는 지시다. 긴급 상황이다. 골프장에서 황급히 지국 사무실로 돌아가야 한다. 취재하고 기사 쓰고 편집해서 저녁 9시 뉴스에 대려면 정말 숨가쁘게 움직여야 한다. 시간이 없다. 골프장에서 방콕 도심지 주변에 이르면 교통지옥이다. 바로 이때 오토바이가 구세주다. 어찌 보면 태국에서 유일하게 시간이 급하게 흐르는 공간이 오토바이 탈 때인 듯싶다. 방콕과 오토바이, 정말 묘한 조화이다.

3부

태국인들 사는 이야기

ราชดำริ
วิทยุ
สามย่าน

'놀다가 죽어도 좋아' - 송크란 축제

일반적으로 태국 사람들은 더운 날씨만큼이나 둔하고 느린 편이다. 매사가 급한 게 없고 '사바이 사바이'다. 자연조건이 좋으니 그럴 수밖에 없다는 생각도 든다. 태국에서 최소한 굶어죽거나 얼어 죽을 이유가 없는 것이다. 1년에 4모작하는 쌀의 생산대국이다. 산에 가면 열대과실이 풍성하고 바다에 가면 물고기가 가득하다. 1년 내내 추운 계절 없이 날씨는 따뜻하기만 하다. 도무지 서둘러야 할 일이 사방 어디를 둘러봐도 없는 것이다. 그래서인지 태국에 살다보면 생존경쟁의 각박함과 살벌함을 잊히고 시간의 흐름이 정지된 듯한 안온함과 넉넉함에 젖어드는 것 같다. 실제로 태국 사회가 주는 이 기묘한 평안함이 좋아서 뉴욕 등 살벌한 대도시 전쟁터에서 뛰쳐나와 태국에서 살아가는 서양인들도 많다.

태국인들은 좀처럼 화를 내지 않는다. 소리치거나 빨리빨리 하고 서두르는 것을 가장 싫어한다. 하지만 일단 화가 나면 물불을 가리지 않는다. 피를 보지 않고는 상황이 끝나지 않는 것이 한국인들의 기질과는 정반대인 것이다. 우리야 말로 쉽게 화내고 큰소리도 예사로 치지만 닭싸움이라는 말이 있듯이 실제로 피를 보는 상황은 드물지 않는가? 우리와는 상반된 태국인들의 기질은 먹고 마시는데도 그대로 나타난다. 술을 천천히 밤새 마시면서 끝날 줄도 모르고 밤새 노는 것이다. 발동이 늦게 걸리는 대신 일단 걸리면 끝장을 보는 것이다. 그래서 태국에서 살며 태국인들을 고용하는 한국 업체 기업가들은 이런 태국인들의 끝장회식 문화(?)로 고충을 겼었던 경험을 누구나 갖고 있다. 그래서 회식을 할 때면 꼭 적절한 타이밍에 절제하고 끝내도록 분위기를 유도하곤 한다.

태국인들의 이런 놀이문화가 가장 극명하게 드러나는 일은 아마도 **송크란 축제** 때일 것이다. 태국인들에게 새해가 3가지이다. 우리가 양력과 음력에 태국인들만의 타이 양역이 따로 있는 것이다. 이 날은 양력으로 치면 4월 15일쯤이 된다. 태국이 우기에서 건기로 넘어가는 때요 태양의 위치가 백양자리에서 황소자리로 넘어가는 때로 불교식 음력으로 새해가 시작되는 것이다. 이 날은 가장 더운 날로 온통 **물 전쟁**이 벌어진다. 전혀 모르는 사람에게 물벼락을 퍼부어 대는 날이다. 태국 전역에서 밖에 나다니는 사람은 젖지 않은 사람이 없다 해도 과언이 아니다. 트럭 뒷자리에 물 항아리를 싣고 다니며 이 사람 저 사람에게 물바가지를 퍼부어 댄다. 아이들은 갖가지 물총이나 물대포로 무장한 채 젖지 않은 행인을 보면 신이 나서 마구 쏘아대곤 한다. 내국인이든 외국인이든 가릴 바가 아니다. 이 축제는 이제 외국인들에게 까지 알려져 송크란 때면 태국에 도착해 물 전쟁을 즐기러 오는 외국인들도 많아졌다. 방콕에서 배낭여행객들의 천국으로 알려진 카오산 로드에서는 송크란 때면 온 종일 태국인과 외국인들 사이에 물 전쟁이 벌어진다. 물바가지로 퍼붓는 태국인들에 맞서 물총이나 물대포로 무장한 외국인들이 신나게 싸우는 것이다.

송크란 축제는 달력으로 보면 공식 휴일이 사흘이다. 하지만 태국인들은 전후해서 2주정 도를 축제로 즐긴다. 직장에서도 보통 1주일 휴가를 준다. 우리로서는 축제에 한 주간 휴가를 준다는 것을 이해하기 힘들다. 더 골 때리는 일은 태국인들에게 이 1주일도 모자란다는 것이다. 워낙 끝장 보게 즐기는 이들인지라 축제의 후유증이 이만저만하지 않다, 직장마다 송크란 휴가가 끝나도 제 날짜에 출근 못하는 이들이 많다. 외국인들이 많이 고용하는 식모나 운전기사들도 송크란 때 고향에 돌아가면 제 날짜에 돌아오는 이들이 거의 없을 정도인 것이다.

통계로 보면 더욱 가관이다. 이 기간에 워낙 먹고 마시고 운전하고 다니며 물싸움을 하다 보니 교통사고가 많이 일어난다. 축제 끝나고 교통사고를 집계하면 1주일사이에 사망자수가 보통 500~600명을 넘어선다. 부상자는 2~3만 명을 훌쩍 넘는다. 이쯤 되면 '놀다가 죽어도 좋아'라는 말이 성립하지 않겠는가?

이상한 태국 남녀관계

태국 파타야로 여행을 가는 사람이면 대부분 보게 되는 것이 여장남자들이 하는 **알카자 쇼**나 **티파니 쇼**일 것이다. 여자처럼 보이나 실상은 남자들이다. 그런데도 진짜 여자보다 더 예쁜 얼굴과 몸매를 자랑하는 쇼를 보고 어쩌면 저럴 수가 하는 생각을 한 번쯤 하게 된다. 쇼가 끝나면 약간의 팁을 주고 맘에 드는 **여인 아닌 여인**인 이들과 기념촬영을 할 수 있다. 이들이 애교떠는 모습은 진짜 여인 빰친다. 하지만 그런 애교의 이면에는 남자로 태어났으되, 여자가 되길 원해 본래의 자기 성을 거부하고 살아가는 삶의 애환이 짙게 깔려 있다.

여자로 성전환 수술을 해야 하고 이를 유지하기 위해 값비싼 호르몬 주사를 맞아야 한다. 그 때문에 버는 돈을 다 써야 하는 사연을 들어보면 도대체 왜 저런 고통을 겪어가며 성을 바꾸려 하는지 이해하기 어렵다. 그런데 방콕에는 유독 이런 게이들이 많다. 혹자는 방콕이라는 도시 자체가 물의 도시인 베니스로 불릴 만큼 물 위에 떠 있는 도시여서 음기가 많은 탓이라고 진단을 하기도 한다. 남자에서 여자로 성전환하려는 이들이 유독 많다보니 태국의 성전환

수술 실력은 세계 최고수준으로 알려져 있다.

왜 여자로 성전환을 하려는 이들이 많은지는 정확히 알 수 없다. 하지만 태국 사회에서는 여성이 남성에 비해 여러 면에서 우월한 것은 확실해 보인다. 개인적으로 만나 봐도 그렇고 실제로 태국 공직사회에 여자공무원수가 더 많거나, 각종 전문직에서 여자들이 더 두각을 나타내는 경우를 봐도 그렇다. 그리고 태국 사회에서 살다보면 남성들은 대체로 게으르고 불성실하거나 가정을 이뤄도 바람피우는 경우가 많은 것을 보게 된다. 그리고 그런 관행에 대해서 관용하는 사회적 분위기도 있다. 반면에 여성들은 대체로 근면하고 자식이나 가정에 대해 아주 헌신적이다. 그러다 보니 태국 사회에는 자식을 혼자 키우는 미혼모가 유독 많다. 남녀가 눈이 맞아 아이를 낳아도 불성실한 남성이 여자를 버리게 되면 아이양육을 여성이 도맡는 경우가 대부분이다.

필자가 아는 군청의 한 하위 공무원은 부인이 7명이다. 이 7명은 모두 아이들을 두고 있는데 양육책임은 전혀 지지 않는다. 모두 부인들이 벌어서 각자의 아이들을 키우는 것이다. 참 이해할 수 없는 일이긴 하나 실제로 이런 경우가 적지 않다. 법적으로 1부 1처제가 분명하지만 성공한 남성들은 대개 부인이 몇 명씩 있다. 심지언 사교파티에 고위 공직자가 둘째부인이나 셋째부인을 동반하고 나타나는 경우도 심심치 않게 있다. 성공한 남성들뿐만이 아니다. 필자가 데리고 있던 운전기사도 총각시절 여러 명의 여자와 동시에 사귀며 스케줄 관리(?)에 고심하는 경우를 봤다.

이런 게 보통이라고 하니 여자들 입장에서는 분명히 이만저만한 불공정 게임이 아닌가 싶다. 그래서 대학 나오고 똑똑한 여자들은 독신자로 사는 경우가 많다. 태국 사회에 만연해 있는 남녀 간의 불공정 관계에 대해서 결혼을 하지 않음으로써 무작위적 항거(?)를 하고 있는 것이다. 전문직 여성들을 만나보면 절대로 태국 남성들과는 결혼하지 않겠다고 단언하는 경우가 적지 않다. 남성들이 바람을 피우는 것을 당연시 하는 관행을 받아들이기 힘들다는 것이다. 이런 여성들은 대체로 외국인과의 결혼을 꿈꾸는 경우가 많다. 일찍이 외래 문물에 개방이 된 까닭인지 태국 사회에서는 우리나라처럼 국제결혼을 꺼리는 사회적 분위기가 아니다. 국제결혼을 오히려 신분상승(?)의 기회로 생각하는 경향까지 있다. 특히 미국이나 유럽인 등 서양인들과 결혼할 경우 상당히 성공한 것으로 생각한다. 부자나라인 일본인과 결혼하는 것도 기회를 잡은 것으로 인식된다. 요즘은 한국인과의 결혼도 괜찮은 결혼으로 생각하는 분위기이다. 일본과 비슷하게 잘사는 나라로 알기 때문이다. 그래서인지 한국 남성과 결혼하는 여성들이 무척 많아지고 있다. 재미있는 것은 한국 남성과 태국 여성의 커플을 보면 남성은 사회적 지위가 평범한 데 반해, 여성은 능력이나 집안이 꽤나 괜찮은 경우를 많이 보게 된다는 것이다. 그만큼 한국 남성의 인기가 태국 여성에게 높아져 가고 있음을 반증하는 것이 아닐까 싶다.

왜 인기가 있을까? 가까운 태국 여성에게 물어보니 한국 남성은 가정에 헌신적이라고 알려져 있기 때문이라고 한다. 보다 구체적으로 말하면 여성에게 월급을 다 가져다 주는 것도 태국 여성들에게는 신선한 충격이고 무엇보다 한 여성에 충실한 것도 태국 남성과는 대비된다는 점이라고 한다.

하지만 한국 남성과 태국 여성의 결혼은 태국 사회에서 살 때 이상적인 조합이지 한국에서 살면 영 아닐 것이다. 왜냐하면 태국 사회는 중산층 이상은 여성들이 밥 짓고 빨래하고 하는 허드렛일은 하지 않기 때문이다. 인건비 싼 태국 사회에서는 중산층들은 식모를 다 두기 때문이다. 하지만 한국으로 올 경우 여성이 가사를 돌봐야 한다. 때론 시부모까지 모시고 해야 하니 태국 여성으로서는 감당이 안 되는 경우이다. 실제로 남편 따라 한국에 들어와 살다가 적응하지 못하고 태국으로 돌아간 사례가 적지 않은 것이다.

불임시술 수난의 거리 개들

방콕거리를 다녀보면 어디가나 개들과 마주치게 된다. 불교국가답게 살생을 금하는지라 방콕의 거리는 그야말로 개들의 천국이다. 하지만 사람들에게는 정말 골칫거리이다. 개들은 길 아무데서나 누워 잔다. 햇빛을 피해 주차해 있는 자동차 아래 들어가서 자기도 하고 가게 문 앞에서 또는 길옆에 눕기도 한다. 행인들에게는 이만저만한 진로방해가 아니다. 도시 미관이 지저분해지는 것은 물론이고 거리 개들은 외양도 엉망이다. 다. 보기에 더럽고 피부병을 앓는 등 위생상태도 엉망이다.

나아가 위험하기까지 하다. 동네마다 떼로 몰려다니기도 해 보기에도 무섭다. 특히 밤거리에서 만나는 개떼들을 지날라 치면 등골이 오싹오싹하기도 한다. 한 놈이 짖어대면 집단으로 짖어대니 아니 무섭겠는가? 그러다가 한 마리가 달려들면 집단으로 달려들어 무는 사고도 가끔씩 일어난다. 어린 아이들이 이런 사고를 당해 생명을 위협받는 일도 있다. 매년 개에 물리는 사람이 35만 명 정도 된다. 개에 물리면 치료비가 평균 1인당 35만 원 정도나 든다. 태국 정부가 떠돌이개로 인해 쓰는 예산이 매년 210억 원 정도 된다.

광견병으로 숨지는 사람도 1년에 40여 명씩 나온다.

사정이 이런데도 불교국가인지라 거리의 개들을 퇴치할 방안이 마땅치 않다. 해마다 늘어나는 거리 개들을 어찌할 것인지 지루한 논쟁 끝에 나온 방안이 불임시술이다. 그래서 해마다 방콕에서는 불임시술을 시키기 위해 개들을 붙잡는 진풍경이 벌어진다. 잠자리채 모양의 큰 개잡이채(?)를 들고 나타난 개청소부들이 짝을 이뤄 한쪽에서는 개 몰이를 한다. 다른 쪽에서는 적당한 타이밍에 **개에게 개잡이채를 덮쳐대는 보기 드문 장면**이 연출되곤 한다. 주택가에 공포(?)의 개잡이채를 들고 나타난 시청직원들을 피해 개들은 온 비명을 지르며 달아난다. 개 못지않게 온힘을 다해 쫓아가 개를 쫓아가 개잡이채로 덮친 뒤 개를 개장으로 옮겨 넣는 작업은 여간 조심스럽지가 않다. 물릴 위험이 많아 두툼한 장갑을 끼고 진행한다. 개장으로 가득한 트럭이 불임시술장으로 변한 동네 회관에 개장을 내려놓으면 동네 전체가 개들 비명소리로 정신이 없다. 한 마리씩 꺼내 수술대에 눕혀 마취주사를 놓기 까지 시청직원들과 간호사들은 또 한바탕 씨름을 해야 한다. 옮기는 과정에서 놓친 개들은 필사의 탈출을 시도하고 사람들 또한 필사의 잡기에 나선다.

결국 **개들은 수술대 위에 올라 마취주사를 맞고 난 뒤에야 잠잠해진다.** 수술대마다 마취에 의식을 잃은 채 하늘을 향해 눕혀진 개들 모습들이 가관이다. 불임시술을 하고 시술표식까지 마친 뒤 개들은 다시 거리에 놓여진다. 거리 개들에게 광견병 주사를 놓고 불임수술까지 해주는 데 개 한 마리당 드는 비용이 3만 원 정도 된다.

방콕 시내를 배회하는 거리의 개들은 12만여 마리. 이 개들 전체에게 다 시술을 하기 위해 방콕시청은 30억 원의 예산을 할당해 놓고 있다.

태국 전체적으로는 떠돌 이개 대책에 쓰이는 연간 예산이 210억 원이나 된다. 우리나라 사람들에게는 값비싼 먹을거리에 불과한 개들일 뿐인데 태국인들은 개들은 죽이지 않으면서 번식을 억제하기 위해 결코 적지 않은 돈을 쓰고 있는 것이다. 그러나 팔자 좋은 개들 숫자는 매년 늘어나 태국 정부의 깊은 고민거리가 되고 있다.

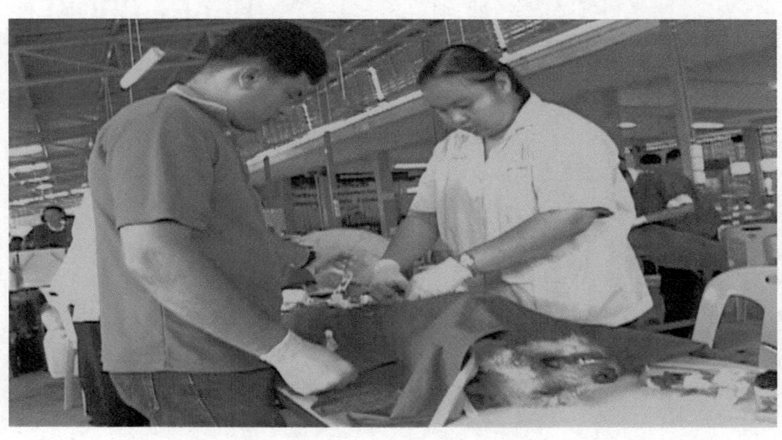

실연의 상처를 달래주는 식당

방콕에 살다보면 엉뚱하고 기발한 장면을 보는 경우가 종종 있다. 더운 나라의 일상성에서 탈피하려는 것 인지 화끈하거나 특이한 것을 추구하는 사건이나 이벤트를 자주 접하게 된다. 식당에서도 예외가 아니다. 엉뚱한 아이디어로 승부하는 식당이 많고 그런 아이디어가 종종 먹히는 경우를 볼 수가 있다. 다음에 소개하는 그런 식당가운데 하나이다.

방콕 시내의 번화가 수쿰빗 거리에는 "실연의 아픔, 사랑의 상처를 지닌 자들이여 오라 내가 아픔을 달래 주리라. 상처를 씻어 주리라" 하고 유혹하는 식당이 있다. 우리의 종로통쯤 되는 수쿰빗 49거리 대로변에 있는 이 식당의 이름은 **〈HEART BROKEN RESTAURANT〉**이다. 말 그대로 가슴 찢어지는 사연을 지닌

젊은이들을 위한 식당인데 방콕 젊은이들 사이에 폭발적인 인기를 끌었다.

밤에 가보면 드넓은 식당 안에 마련되어 있는 무대 위에서 라이브 음악이 아주 흥겹다. 무대 위에서는 바텐더가 어둠 속에서 불을 붙인 병을 손으로 던지고 돌리며 **곡예사 못지않은 솜씨**를 발휘한다. 활기찬 젊은 손님들과 어우러져 식당은 한층 더 흥겹고 즐거운 분위기를 자아낸다.

그러나 이 식당의 묘미는 정작 밖에 있다. 바깥으로 나오면 느닷없이 병이 깨지는 소리가 들려온다. 소리를 따라 발걸음을 옮겨보면 한쪽 구석에서 젊은이들이 마시던 술병을 들고 와 벽에 던져 부수는 모습을 보게 된다. 하얀 칠을 한 벽에는 남자나 여자 사진이 영사기로 비춘 것처럼 나와 있다. 젊은이들이 **사진을 겨냥해 병을 던져댄다.** 사연을 알아본 즉 그 사진은 자신을 버리고 떠난 애인의 모습이란다. 자신에게 상처를 주고 떠나 가버린 애인의 모습을 향해 병을 던져 화풀이를 하는 것이다. 어떤 여학생들은 병을 던져대며 우는 모습이 정작 실연의 아픔을 그대로 보여주는 듯싶다. 이 식당에서는 실연자의 아픔을 달래준다면서 애인의 사진을 들고 오면 컴퓨터로 스캐닝을 해 벽에 비춰주고 병을 던지도록 해 젊은이들의 기분을 달래주는 것이다. 정말 실연해서 오는 사람들도 있겠지만 소문이 나면서 재미삼아 오는 젊은이들이 대부분이란다.

실연자를 위한 배려(?)는 여기서 그치지 않는다. 한쪽에는 실연자를 위한 특수 방음 처리된 방이 있다. 그 안에 들어가서는 맘껏 소리쳐

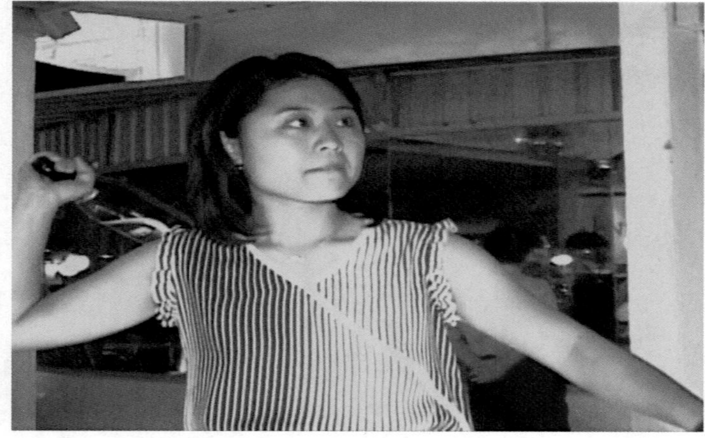

울어도 대고 떠난 애인을 향해 고래고래 욕을 해대도 좋다. 이곳에는 실제로 서럽게 울어대는 여학생들의 모습을 종종 보게 된다. 이쯤 되면 실연자의 상처를 달래주는 효과도 있지 않나 싶다. 실컷 울고 2층으로 올라가면 카드로 사랑점을 쳐주는 점쟁이가 대기하고 있다. 이왕 떠나간 애인은 잊어버리고 새로운 사랑을 꿈꾸어라. 운명적으로 만날 수 있는 애인을 알아봐준다면서 카드 패를 돌려댄다. 다 부질없는 짓인 줄 알면서도 잠시나마 옆에서 위로해 주는 친구와 함께 코스를 돌고 나면 정말 기분이 한결 나아진다. 그래서 등장한 지 몇 달도 안 되어 방콕의 젊은이들에게 폭발적인 인기를 끌게 되었다.

이렇듯 기발한 아이디어의 식당 주인은 현역 육군 준장이다. 태국에서는 군인이나 경찰 등 공직자들의 겸업이 특별히 법으로 금지되어 있지 않아서 이렇게 식당이나 호텔, 유흥업소 등을 경영하는 공무원들이 많다. 이 식당주인도 부업으로 식당을 하게 됐는데 IMF 직후 경제가 좋지 않은 상황에서 특이한 아이디어로 승부해야 한다는 생각에 장시간 아이디어를 구상한 끝에 이 식당을 열었다 한다. 그래서 병을 던지는 공간과 우는 방등 모두가 직접 구상한 끝에 설계 등을 해 낸 것이어서 아이디어를 특허를 내 전 태국에 지사를 낸 뒤 세계를 무대로 사업을 확장해 나간다는 야심찬 계획이다.

그러나 아이디어만으로 흥할 수는 없는지 번창하던 식당은 어느 날 갑자기 문을 닫고 말았다. 지금은 한때 이곳에서 실연상처를 달래던 젊은이들에게 추억과 향수로 남아, 적지 않은 사람들의 인구에 회자되고 있다.

으스스한 요리의 귀신쇼 식당

태국 사람들의 엉뚱하고 기발한 것을 추구하는 성향은 먹을거리에서도 드러난다. 우리나라 사람들이 정력에 좋다면 무엇이든 먹는 저돌적인(?) 식성을 자랑하듯이 태국 사람들도 일부 그런 경향이 있는 듯하다. **저녁식사로 도마뱀이나 코브라 튀김**을 먹으면서 귀신이 시중을 드는 식당 이야기를 들어본 일이 있는가? 이 황당한 식당은 방콕에서 3시간여 거리로 파타야를 지난 해변도시 라용 시의 외곽에 자리잡고 있다.

전형적인 태국씩 건물에 자그마한 정원이 있고 손님식탁이 배열되어 있는 얼핏 보기에는 보통의 태국식당이다. 마당에 들어서면 개구리나 맹꽁이 울음소리가 요란하다. 정원 한쪽에 개구리와 맹꽁이가 노는가 하면 마당 한편에는 큰 도마뱀을 가둬놓은 우리가 있다. 뚝개라고 불리는 이 도마뱀은 한 번 물리면 손가락이 잘린다고 할 만큼 위험한 동물이다.

한 마디로 살아있는 파충류가 이 식당 안에 가득한 데 이 모두는 이 식당의 요리 재료들이다. **도마뱀이나 개구리, 코브라까지 징그러운 파충류**만 요리로 만들어 내는 까닭은 뭘까? 바로 이 파충류들이 태국에서는 예부터 보신식품으로 알려져 온 때문이다. 한 마디로 보신 전문식당인 것이다. 그래서 이 식당에는 방콕이나 칸차나부리 등 멀리서부터 소문을 듣고 찾아오는 손님도 적지 않다.

그러나 정작 이 식당이 더 인기를 끄는 것은 깜짝쇼 때문이다. 식당에는 초저녁부터 손님들이 모여들기 시작한다. 밤 8시쯤이면 홀 대부분이 남녀가 함께 하는 테이블로 가득해 빈자리가 거의 없을 정도이다. 흥겨운 생음악을 즐기며 보신안주에 한창 술발이 오르고 흥겨움이 무르익어간다. 밤 10시면 흥겹던 음악이 갑자기 멈추고 식당의 불빛이 일제히 꺼진다. 괴기스런 음악과 함께 여기저기서 여자들 비명소리가 홀 안에 가득하다. 귀신의 등장 때문이다. 검은 옷을 입고 얼굴에 피를 흘리는 귀신이 이곳저곳에서 불쑥불쑥 나타난다. 테이블마다 놀랜 여자들 비명소리가 자지러지며 홀 안은 공포감이 가득하다. 천정에서도 귀신이 밧줄을 타고 내려오기도 한다. 5

분 남짓 정신없이 놀라다가 귀신이 아니라 귀신분장을 한 사람이라는 점을 깨달을 때쯤 불이 켜진다. **귀신 분장을 한 웨이터**들이 손님들의 시중을 들기 시작한다. 귀신의 정체를 보고 나서도 웨이터들이 여자 손님만 골라 뒤에서 놀라게 하면 다시 비명소리가 높지만 보는 사람들은 즐겁기만 하다.

이 식당은 매일 밤 10시에 이처럼 귀신 쇼를 한다. 그래서 남자들이 여자 친구 놀려주려고 날 잡아 데려오는 식당으로 유명하다. 사전지식 없이 멋모르고 기분 좋게 식사하고 한잔 즐기던 여자 손님들은 갑작스런 깜짝 쇼에 놀람이 이만 저만 아니지만 그만큼 즐거움도 크다. 이래저래 소문이 나면서 손님들 발길이 갈수록 늘어나 라용 시의 명물식당으로 자리 잡는가 싶더니 갑자기 문을 닫고 말았다. 식당을 애용했던 사람들은 아마도 깜짝쇼 하나만으로는 버티기가 쉽지 않았나? 추측하며 아쉬워하고 있다.

차오프라야 강의 명물, 수상은행

아마도 은행가는 일은 바쁜 도시생활에서도 빼놓을 수 없는 일상사 가운데 하나일 것이다. 은행가서 사람들 붐비는 틈에 섞여 지루하게 기다렸다가 일보고 나오는 수고를 하지 않을 수 있으면 얼마나 좋을까? 대신에 은행원이 집에 찾아와 일을 봐주면 안 되나 이런 상상을 해본 적이 있으신지? 이런 일이 실제로 가능하다고 믿는 사람은 별로 없을 것이다. 하지만 방콕에서는 이런 일들이 일어나고 있다. 그 현장은 방콕을 가로질러 흐르는 차오프라야 강 위에서이다.

아침이 열리는 방콕의 강변. 배를 타고 강 건너로 출근하는 사람들이 배에서 내려 뭍으로 바삐 발걸음을 옮기는 시각에 정

반대로 배 위로 출근하는 사람들이 있다. 강위에서 사는 사람들에게 은행서비스를 제공해주는 **수상은행** 직원들이다. 세워져 있는 배 겉에는 영어와 태국어 한자 심지언 한국말로까지 '자축은행'이라는 말이 적혀 있다. 재미있는 것이 한국말로 '저축' 글자가 잘못되어 '자축'이라고 쓰여 있는 것이다. 배를 만들 때 한국말 아는 사람에게 물어 받은 글자를 옮기는 과정에서 잘못 쓴 것이라는 설명이다. 배 안에는 돈세는 기계나 단말기 등 은행 업무를 보기 위한 기본 장비가 모두 갖추어져 있다. 일종의 수상은행 지점인 셈이다.

수상은행의 하루업무는 배에 시동을 걸고 고객들을 찾아 차오프라야 강 상류방향으로 거슬러 올라가는 것을 시작으로 일이 시작된다. 강바람을 타고 거슬러 올라 수상가옥들이 밀집한 곳을 지나노라면 오랜 단골고객들이 반가운 웃음으로 맞이한다. 배를 세우고 **은행직원이 장대 끝에 달린 바구니를 수상가옥 위로 내민다. 고객이 바구니**

에 입금할 돈이나 공과금 명세서등을 집어넣는 것으로 은행거래는 간단히 끝이다. 바구니가 오가는 동안 간단한 안부 인사나 궁금한 소식 등을 주고받는 모습은 옛날 우리나라 시골 집배원의 편지배달 모습을 연상케 한다. 이리저리 들러 안부를 묻고 다니다 보면 하루의 해가 넘어간다. 비로소 수상은행 배는 하류로 뱃길을 튼다.

차오프라야 강 물 위에 세워진 **수상가옥**에서 사는 사람들은 강위에서 24시간 생활의 모든 것이 이뤄진다. 하나의 마을이 이뤄져 상권까지 형성되어 있기 때문이다. 수상가옥 사람들에게 뭍으로 나가 은행일을 처리하는 것은 하루를 다 보내는 셈이 된다. 결국 은행이 직접 이런 사람들을 찾아나서 서비스를 제공하기 시작한 게 벌써 50년이 넘었다. 50여 년 동안 휴일을 제외하곤 하루도 빠짐없이 고객들을 찾아오는 수상은행 배가 수상마을 사람들에게는 더없이 소중한 존재다. 최근에는 일반은행지점이 늘어나는 바람에 수상은행

고객이 줄어드는 추세지만 고객 수는 아직도 4천여 명이나 된다. 고객 수가 줄어들어도 이미지 관리가 중요한 은행 입장에서는 50년 수상은행을 계속 유지해 나간다는 방침이다. 이제 세계유일이라는 명성에 대한 자부심이 보태져 방콕의 수상은행은 계속 차오프라야 강의 명물로 계속 남을 전망이다.

나콘라차시마의 카우보이촌

태국 라콘라차시마는 북동부에 위치한 이산지방의 관문도시이다. 방콕에서 북동쪽으로 255km 떨어져 차타고 3시간 반 정도 거리에 있다. 해발 100~200m의 평원지대에 위치해 흔히 고원이라는 뜻의 '코랏'이라 불린다. 인구가 255만여 명으로 태국 전역 76개주 가운데 방콕에 이어 두 번째로 인구가 많다. 요즘에는 태국 골프관광의 핵으로 떠오르는 곳이기도 하다.

'코랏'하면 대개 태국인들에게는 태국의 국민적 영웅 '타오 수라나리'를 떠올릴 것이다. 과거 라오스인들의 침략에서 도시를 구해낸 태국판 잔 다르크의 고장이기 때문이다. 하지만 필자의 머릿속에는 미국 서부 개척 시대의 유산인 카우보이촌을 경험한 곳으로 남는다. 이곳에 가면 카우보이들이 말타고 총을 쏘며 달리는 미국영화의 한 장면을 볼 수 있는 마을이 있다. 마을 한 복판에 길이 나있고 길 양 옆으로 미국의 서부 개척자 시대 건축양식의 건물들이 줄이어 늘어서 있다. 말을 타고 길거리에 나타난 거칠어 보이는 사나이들을 따라 건물의 한곳으로 따라가 문을 밀치고 들어가 본다. 스탠드바와 홀이 한눈에 보이고 **카우보이모자에 긴 가죽장화를 신은 카우보이들이 한 잔을 걸치고 있는** 등 모든 것이 서부 시대이다,

다만 다른 것은 움직이는 사람들이 백인이 아닌 동양인이란 점이다.

이곳은 사실 자연발생적인 카우보이촌이 아닌 〈panthercreek〉라는 이름의 유명한 리조트시설이다. 카우보이를 소재로 서부 개척 시대를 모조해 그대로 마을을 만들어 놓은 휴양시설인 것이다. 마을 안에는 야생마에 줄을 던져 잡거나 말 타기 시합을 하는 등 서부영화에 나오는 카우보이들의 생활상을 느끼고 즐길 수 있도록 제반 시설이 갖추어져 있다. 숙박시설도 인디언들이 생활하는 지붕이 뾰족한 형태의 천막형태로 되어 있는 가옥들이 도처에 흩어져 있어 하룻밤 인디언이 되어 미국 서부 개척 시대의 맛을 체험해볼 수 있다. 이안에서는 누구나 스스로 카우보이가 되어 카우보이 생활의 맛과 멋에 푹 빠져볼 수 있는 것이다.

밤이 되면 카우보이와 인디언의 투쟁을 소재로 한 연극 한 편을 무대에 올린다. 서부 개척 시대의 마카로니 웨스턴 음악이 달빛 아래 무대조명과 어우러져 흐르고 **인디언과 카우보이 분장을 한 배우들**이 등장한다. 단순한 이야기 한 토막을 풀어내며 총을 쏘고 달리는 모습을 보고 있노라면 방콕의 영화관에서 맛보는 서부영화와는 분명 색다른 카우보이 별미를 느껴볼 수가 있다. 그래서 주말마다 이곳을 찾는 가족단위의 관광객들이 폭발적으로 늘어나고 있다. 태국의 각 직장에서 직원들 단합대회나 워크숍을 갖는 인기시설로 자리를 확고히 잡았다. 사람들이 몰려오고 운영체계가 복잡해지다보니 영국에서전문경영인까지 모셔와 제반 시설을 관리 운영해 나가고 있다.

하지만 사실 이곳은 처음부터 기발한 아이디어로 사업승부를 걸어서 시작된 곳은 아니다. 원래 주인이 바뀌기 전 이 리조트의 처음 이름은 처음 시작한 주인의 이름을 따 팬숙 리조트였다. 유타나 팬숙이라는 젊은이가 어렸을 때 깊이 빠진 카우보이 취미를 사업으로 연결시켜 리조트가 만들어지게 된 것이다. 팬숙씨는 카우보이 맛에 취해 미국유학까지 갔다 온 사람이다. 유산으로 받은 드넓은 땅에 팬숙씨는 순전히 개인적인 취미로 서부 개척 시대를 본 딴 시설을 차려놓고 친구들을 초대해 카우보이놀이들을 즐기곤 했다. 친구들도 무척 재미있어 했고 그러면서 더 재미있게 해볼 요량으로 더욱 그럴듯하게 시설을 갖춰놓기 시작했다. 급기야는 사업적인 아이디어로 연결이 됐다. 미국의 서부지역을 돌면서 제법 알찬 고증까지 거친 뒤에는, 이 마을을 전문 휴양지로 발전시켜 일반인에게 개방하게 된 것이다. 이 시설이 제법 인기를 끌기 시작하면서 팬숙씨는 방콕에 카우보이문화를 소재로 한 서양식당까지 차려 성공을 했다. 어렸을 때 푹 빠졌던 취미를 사업으로 연결시켜 성공한 대표적인 케이스로 태국 사회에서 꼽히고 있다.

싸움닭 키우기 열풍

태국에서 **닭싸움**은 오랜 역사를 자랑하는 전통 스포츠이다. 유별나게 도박 좋아하는 태국 사람들이 가장 많이 즐기는 도박 게임 중의 하나이기도 하다. 좁은 **원형의 경기장**에서 풍채 좋은 싸움닭 두 마리가 서로를 노려보다가 힘차게 날며 상대 닭을 부리로 찍어댄다. 사람들은 흥분해 열광하며 목소리 터져라 응원을 한다. 경기 자체의 열기로 인한 흥분은 승패에 걸려 있는 판돈 때문에 한층 더 배가된다. 경기가 끝나자마자, 판돈을 건 사람들끼리 즉석에서 돈이 오간다. 이런 닭싸움 경기장의 열기는 태국 내 어느 지방을 가더라도 즐길 수 있을 만큼 닭싸움이 보편화되어 있다. 서민들의 오락이요, 요행수로 돈 벌 수 있는 투전판이기도 한 것이다.

닭들은 몸무게 3~4kg은 헤비급으로 분류되고, 2~3kg은 미들급으로 분류된다. 체급별로 경기를 하며 경기는 모두 5라운드로 진행한다. 라운드당 10분 경기에 2분의 휴식시간을 갖고 난 뒤 다시 싸운다. 요즘 폭발적인 인기를 끄는 K-1경기가 3분씩 3회전 진행하는 것과 비교해 보면 싸움닭들의 체력이 엄청나다. 닭싸움 경기는 발가락에 면도날을 매달아 진행하는 방식과 닭의 부상을 막기 위해 발장갑을

씌워서 하는 방식으로 나뉜다. 태국에서는 후자의 방식으로 한다.

닭싸움의 승패는 판돈만 걸려 있는 것이 아니다. 이길수록 닭의 몸값이 엄청나게 뛰기 때문에 싸움닭 재배농가는 사활을 걸다시피 한다. 싸움닭은 단순한 육계에 비해 몸값이 150배나 비싸다. 싸움닭이 챔피언이 되면 몸값은 무려 천 배 이상으로 뛴다. 그래서 챔피언 싸움닭을 키워내는 일이 태국 농가의 꿈처럼 되어 있다.

그만큼 승부에 집착해 때로는 상대편 닭에 몰래 약물을 주입하는 경우도 있다. 그래서 닭싸움 경기장 주변에는 늘 감시의 눈초리가 번득인다. 경기를 기다리느라 대기 중인 닭들의 닭장은 안을 볼 수 없도록 밖에서 가려준다. 닭들의 컨디션조절 목적도 있지만, 닭들에게 접근해 몰래 약물을 쓰는 것을 막기 위한 예방조처이기도 하다.

싸움닭 한 마리를 키워내면 운전사 한 달 급료와 맞먹는 돈을 받을 수 있기 때문에 농가에 싸움닭 키워내기 열풍이 분지 오래이다. 2003년 현재 태국 농가에서 키우는 싸움닭 종자는 1억 4천 마리 정도로 추산된다. 싸움닭 종자라도 다 싸움닭이 되는 것이 아니다. 10마리에 한 마리 꼴로 싸움닭으로 훈련시킬 수 있다고 한다.

태국의 싸움닭은 종자가 우수해 외국에서도 수입요구가 많다. 이웃 인도네시아 등 닭싸움을 즐기는 나라들에 수출된다. 최근에는 중동의 부자나라에서까지 애완용으로 태국 싸움닭을 수출해달라는 요구가 급증하고 있는 추세이다. 이렇다 할 돈벌이가 마땅치 않은 태국농가에 일확천금씩 싸움닭 키우기 열풍이 불면서, 요즘에는 미남(?) 닭 콘테스트까지 열리고 있다.

제비아파트로 일확천금

다친 다리를 치료해준 흥부를 벼락부자로 만들어 준 제비 이야기는 우리나라 소설 속에서 나오는 그야말로 허구의 이야기에 불과하다. 하지만 태국에는 이 소설 이야기와 비슷한 일이 실제로 현실에서 일어나고 있는 곳이 있다. 바로 최근 이슬람 분리주의자들의 잇따른 소요사태로 세상에 알려진 태국 남부 파타니 주이다.

말레이시아와의 국경지역인 이곳은 태국에서도 남쪽에 위치해 있다. 연중 내내 날씨가 뜨겁고 야자수 나무로 가득한 열대지방 특유의 풍광이 아주 아름다운 지역이다. 이곳을 찾아 시내로 들어서면 가장 먼저 눈에 띄는 특이한 점이 있다. **공중에 온통 제비**가 날아다닌다는 것이다. 어디에서 온 제비들이 이토록 많을까 하는 의문이 드는데, 자세히 보면 제비들이 어느 건 물속으로 드나드는 모습을 볼 수가 있다. 바로 **제비들이 사는 아파트**이다. 건물 한쪽 벽의 윗부분에 유리가 없는 창 같은 구멍이 여러 개 나 있고 제비들이 이 창문들을 통해 아파트 밖으로 드나드는 것이다. 겉으로 보면 멀쩡한 아파트 건물 같은데 사람이 살지 않고 오직 제비들만 사는 아파트이다.

도대체 어떻게 제비들만 사는 아파트가 있을 수 있을까? 그것은 바로 제비들이 만들어내는 제비집 때문이다. 중국 고급요리 가운데 제비집수프 '엔워'는 한 그릇에 15달러나 할 만큼 인기가 있는 고급요리이다. 그래서 원재료인 제비집은 1kg에 2천 달러를 호가할 정도로 비싸다. 그야말로 제비집 만들어내는 제비가 황금알 낳는 거위와 같은 셈이다. 그래서 이 지역에 온통 집집마다 제비모시기 열풍이 분 지 오래이다.

필자가 찾았던 차이나타운의 한 허름한 구멍가게에는 집안에 50인치가 넘는 TV를 비롯해 한국산 DVD 등 최신식 고가 가전제품이 가득했다. 제비집 팔아 번 돈으로 장만한 가전제품들이라고 주인은 자랑한다. 허름한 가게 위층에 제비집을 만들어 놓고 때만 되면 계단으로 올라가 식구들이 제비집을 딴다. 한 달에 제비집으로 벌어들이는 돈이 가게 건물에서만 5백여 만 원 된다고 하니 믿어야 할지 말아야 할지. 주인은 제비집 아파트를 2채 더 갖고 있는데 제비집으로 벌어들이는 돈이 다 합치면 한 달 모두 1억 원이라는 자랑이다. 황당함에 벙벙해 하니 이 지역에서 제비집으로 제일 많이 버는 사람이 한 달에 1억 8,000만 원이라고 밝힌다.

이정도니 이 마을은 온통 제비 때문에 미쳤다고 해도 과언이 아닐 정도이다. 멀쩡히 건물을 사람에게 세줬다가 어느 날 제비가 날아들면 살던 사람을 내쫓고 제비집으로 바꾼다. 마을에서 제일 인기가 있던 극장도 어느 날 제비가 날아들면서 극장 때려치우고 건물전체를 제비들에게 내줬다. 마을의 포드자동차 대리점은 1층만 자동차 전시매장일 뿐 3, 4층은 모두 제비들 보금자리이다. 어느 식당에서는 건물옥상을 제비집으로 내놓고 제비들을 모시기 위해 제비울음소리를 녹음해 한 시간 간격으로 온종일 틀어준다. 이렇게 해서 제비들이 몰려들기만 하면 그야말로 대박이 터지는 것이기 때문이다.

이뿐인가? 이 지역에서 제일 고급 호텔인 파타니 호텔은 지하공간이 제비집이다. 황혼녘에 호텔 야외식당에 자리를 잡으면 새벽에 숙소를 떠났던 제비들이 집으로 돌아오면서 호텔주변을 가득 메운 뒤 지하로 날아드는 모습을 볼 수 있다. 마치 한 폭의 그림을 보는 듯하다. 이 호텔의 주인은 객실 숙박비로 얻는 수익보다 제비집 팔아 얻는 수익이 더 많은 것이 호텔 1급 비밀이라며 은근히 자랑이다.

그러다보니 이 지역에 언제부터인가 돈이 많은 사람들은 본격적으로 제비아파트를 짓기 시작했다. 1억 원 정도의 건설비용이

들어가지만 짓고 나면 대박이 난다. 소문이 나면서 마을에 들어선 제비아파트가 2백여 채나 된다.

짓고 난 뒤 제비들이 몰려오기만 하면 그것으로 만사 오케이이다. 제비에게 먹이를 줄 일도 없고 돌볼 일이 전혀 없는 것이다. 제비들은 아침이면 숙소를 떠나 하루 종일 밖에서 놀다가 먹을 것 해결하고 저녁이면 돌아온다. 제비들 관리를 위해 인건비 들어가는 것도 아니다. 그저 때가 되면 가족들과 함께 벽에 지어진 **제비집**을 떼어낸 뒤 제비집에 묻은 털을 털어내 깨끗하게 하면 그것으로 **고가의 상품**이 되는 것이다. 원재료 값도 안 들어가고 경기 탈 일도 없고 세금 바칠 일도 없으니 세상에 이 같은 돈벌이가 또 있을까? 그래서 인근 말레이시아의 부자들까지 몰려와서 투자하기 시작하면서 파타니에는 제비집아파트가 계속 늘어나고 있다. 이곳의 제비들은 흥부를 벼락부자로 만들어준 만큼은 아니더라도 잠자리를 제공하는 주인들에게 나름대로 보은을 톡톡히 하는 것만은 틀림없다.

롤러스케이트 타는 병원

병원하면 보통 밝은 이미지를 연상하기가 힘들다. 고통스러워하는 병자들이나 가족들의 걱정스런 표정 그리고 바쁘게 움직이는 간호사들 모습이 한데 어우러져 칙칙하고 우울한 그림이 그려지기 십상일 것이다. 하지만 병원에 대한 이런 보편적인 인상과 선입감을 깨트리는 병원이 있다. 방콕시에 있는 얀희병원이 그렇다.

이 병원 로비에 들어서면 예쁘게 유니폼을 차려입은 미녀들이 늘씬한 각선미를 자랑하며 **롤러스케이트를 타고 시원스레 내달리는 모습**이 우선 눈에 띈다. 롤러스케이트를 타고 달리는 사람도 즐겁고 유쾌해 보이지만, 이를 지켜보는 사람들도 저마다 흥미롭다는 표정이다.

롤러스케이트 미녀들은 병원에서 일하는 문서배달부들이다. 롤러스케이트를 타고 달리는 소녀들의 손에는 저마다 서류더미들을 들고 있는 모습을 볼 수가 있다. 환자의 진료기록부 등 병원 내에서 신속히 옮겨져야 하는 문서들이 대부분이다.

얀희병원은 태국 내에서는 미용과 성형수술에 관한 한 최고의 권위를 자랑하는 병원이다. 그런 만큼 병원 안팎의 외관이나 실내장식 등 데코레이션에도 신경을 많이 쓰는 병원이다. 그만큼 깔끔한 이미지를 자랑하는데 롤러스케이트를 타는 문서배달 소녀들이 등장하면서 한결 그 좋은 이미지를 더 할 수 있게 됐다.

원래 이 병원에 롤러스케이트 소녀들이 있게 된 것은 순전히 실용적인 이유에서이다. 보통 병원에서 신속한 진료를 위해서 가장 중요한 것 중 하나가 환자들의 진료기록에 대한 신속한 이송이다. 이를 위해 대부분의 병원에서 택하는 방법은 진공파이프를 이용해 배달하거나 병원의 서류배달 길목을 따라 선로를 설치해 문서를 배달하는 방법 등이다. 진공파이프 배달법은 신속하긴 하지만 가끔씩 막히는 문제가 있고 설치비용도 1,000만 바트(우리 돈 3억 5,000만 원) 정도가 들어간다. 또 선로를 깔아 문서를 배달하는 방법은 설치비가 6,000만 바트(18억 5,000만 원)이나 들어 가장 비싸다. 이에 비해 롤러스케이트 배달법은 사람의 고용효과도 있는 반면에 비용도 5백만 바트(1억 7,500만 원) 이하면 해결이 가능하다. 비용만 따져도 롤러스케이트 배달법은 설비투자비가 2배에서 12배 정도 싸다.

하지만 비용보다는 미용과 성형제일이라는 병원 측의 이미지를 더 우선으로 생각해 내릴 결정이라는 것이 병원 측의 설명이다. 물론 여기에는 롤러스케이트 배달이라는 아이디어를 낸 병원장의 결심이 결정적이었다. 병원장은 방콕에 있는 태국 최대의 관광식당 드래건 레스토랑에서 롤러스케이트를 타고 음식을 배달하는 데서 아이디어를 얻었다 한다. 병원 측은 이 아이디어를 원용해 병원 경영에 크게 히트를 친 결과를 가져왔다. 병원을 찾는 사람들이나 환자들은 롤러스케이트를 타는 달리는 미녀들의 모습을 보노라면 스스로가 병원에 와 있다는 사실을 잊게 된다고 한결같이 말한다. 신선한 아이디어는 전국적인 반향을 일으켜 병원을 알리는 홍보효과가 이만 저만이 아니다. 병원 측이 기대했던 것 이상으로 이미지 효과가 충분히 나타나고 있는 것이리라. 간단한 아이디어로 얀희병원은 비용절감은 물론이요, 이미지 홍보에도 크게 성공함으로써 갈수록 환자들이 몰려들어 성공한 병원의 대명사로 부각되고 있다.

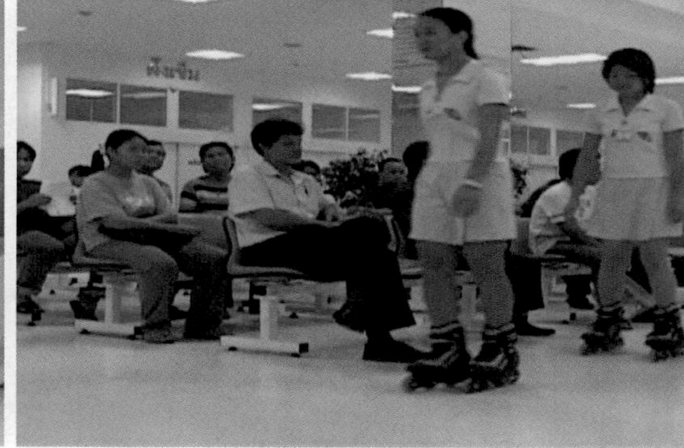

교통지옥의 뱃길출근

교통지옥으로 악명이 높은 방콕은 교통체증을 피할 수 있는 뱃길이 잘 발달되어 있다. 방콕에 가득한 빌딩과 고층아파트 사이로 물길이 잡혀 있고, 이 **물길을 시원스레 가르며 달리는 배의 모습**은 물의 도시 방콕의 진면목을 느껴볼 수 있는 또 다른 풍경이다. 출퇴근 시간 중간중간에 있는 **배 정류장**에서 방콕 시민들이 배를 타고 내리는 모습은 참 재미있고 친근한 정경이다. 우선 배부터가 무슨 근사한 페리호가 아니라 아주 허술하기 이를 데 없는 배다. 나무로 만든 길쭉한 모습의 배에는 좌석이 제대로 있는 것이 아니다. 그저 배를 가로지르는 나무의자에 사람들이 앉는데 출퇴근시간에는 배 전체에 빼곡히 앉아서 먼저 내리는 사람은 배 의자를 발로 딛고 입구로 나가고 발자국 난 의자에 사람들이 밀려들어 앉기도 하는데 아무도 개의치 않는다. 타고

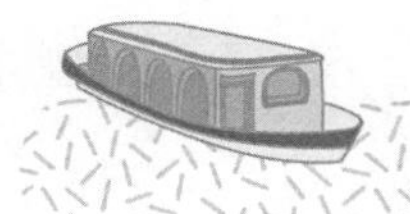

내리는 모습도 원시적이기 이를 데 없다. 학생이나 점잖은 넥타이 신사나 정장차림의 날씬한 미녀나 배에서 선착장으로 내리거나 **선착장에서 배로 타는 모습**이 품위와는 거리가 멀다. 하지만 모두들 그렇게 자연스러울 수가 없다. 흥미롭게 관찰하는 이방인에게 마치 모두들 '이 배는 애당초부터 이렇게 타고 내리도록 되어 있는 것이야' 하고 말하는 듯하다.

배는 허름하지만 일단 타고나면 방콕 고층 빌딩 군을 뒤로 내지르며 빠르게 물살을 가르는 맛이 그렇게 상쾌할 수가 없다. 시속 60km나 된다. 신호등도 없다. 같은 거리라면 러시아워 때 자동차로 2시간 걸려 하는 거리를 40~50분에 갈 수가 있다.

방콕의 중심부를 따라 2개 노선에 25km의 수로가 나 있다. 중간 중간 35곳의 선착장이 있다. 중심부 웬만한 곳은 배로 출퇴근이 가능하다는 말이다. 게다가 뱃삯도 우리 돈으로 700원에 불과해 서민들에게 출퇴근 교통수단으로 더없는 사랑을 받고 있다. 이용자수가 해마다 급증해 현재 하루 4백여 차례 운항에 승객수가 4만여 명이나 된다. 최근에는 외국인도 애용하는 이들이 늘어나는 추세여서 승객 수는 더욱 늘어날 전망이다.

'개 입양하세요' - 방콕의 홀트, 견공 복지원(?)

방콕은 견공과 관련한 화젯거리가 참 많은 나라이기도 하다. 우선 방콕 시내 어디를 가도 볼 수 있는 견공들의 천태만상적인 모습이 그렇다. 또 불교국가답게 생명을 존중해 거리의 견공들을 박멸할 수 없다보니 잡아다 불임시술을 해주고 풀어주는 것도 재미있는 화젯거리다.

뿐만 아니라 사람 아닌 견공들을 해외로 입양하는 사례도 재미있는 얘깃거리 아니겠는가? 소문을 듣고 방콕의 외곽지대 방나에 ASB(american school of bangkok)국제학교 근처의 한 고급주택가를 찾아가 봤다. 문을 열고 들어가자마자 드넓은 **정원에서 맘껏 뛰놀고 있는 견공들**이 한눈에 들어온다. 셰퍼드형의 근사한 풍채에 윤기가 잘 흘러 건강미 넘치는 견공, 자그마한 체구에 눈처럼 흰 털을 휘날리며 달려가는 스피츠형 견공 등 저마다의 모습을 뽐낸다. 견공들이 한결같이 주인 잘 만나 부잣집에서 잘 먹고 잘 사는 행운을 누리는 티가 확 난다.

하지만 이 견공들은 모두가 길에서 주워온 개들이다. 이곳에 오기까지는 거리를 떠돌며 쓰레기통을 뒤지며 먹을거리를 해결하던 견공들이다. 거리의 아무 곳에서나 쓰러져 자 털은 거칠고 더러운 색깔로 초췌한 몰골이 되어서 길을 헤매던 견공들인 것이다. 그런 개들을 데려다가 정성으로 돌보고 먹이며 키워서 이제 어엿한 귀족견공으로 만든 이들은 개들을 지독히 좋아하는 두 명의 서양여성들이다. 각각 네덜란드와 영국이 국적인 이들은 견공사랑 때문에 의기가 투합해 사재를 털어서 넓은 집을 사 일종의 견공고아원을 차린 셈이다.

이들의 견공사랑은 단순히 견공들을 돌보는 일에서 끝나는 것이 아니다. 돌보는 견공들에 대해 인터넷에 일일이 사진과 함께 신상명세서(?)를 올려서 해외에 알리는 작업도 한다. 해외의 견공애호가들에게 알려서 입양을 주선하는 것이다. 입양을 위해서는 광견병 예방접종 증명서와 건강진단서까지 첨부해야 한다. 이런 증명서 발급을 위한 비용이 적잖이 들어가지만 모두 자신들의 사재로 충당한다. 입양을 원하는 사람은 단지 해외운송비용만 부담하면 되는 것이다. 이들은 돌보던 견공의 입양이 결정되면 견공들에게 비행기에 적응하는 훈련까지 시킨다. 정원한쪽에 작은 손잡이 달린 플라스틱 개집이 마련되어 있다. 비행기 여행 시 개들이 들어가 머물게 되는 집과 똑같이 생긴 개집이다. 비행기에 타기 직전까지 이 모의 개집에 들어가 머무는 훈련을 반복해 줌으로써 비행기 여행이 편안하도록 만들어 주는 것이다. 정말 견공 사랑이 얼마나 지극하면 이 정도까지 하나 하는 생각이 들기도 한다. 이들의 견공사랑과 활동상이 점차 알려지면서 입양견공주문은 미국과 유럽 등지에서 점차 쇄도하고 있어서 두 여성은 남들 안하는 짓(?) 하는 즐거움과 보람에 흠뻑 빠져 있다. 자신들의 물질과 시간이 들어가는 것은 개의치 않고 가급적 많은 입양견공주문이 들어오길 바라고 있다. 방콕거리에 떠도는 견공 40만에 대해 관심과 애정을 기울여 달라는 이들의 말에는 정말 견공사랑 못 말린다는 느낌까지 든다. 이쯤 되면 방콕의 홀트견공복지원(?)쯤 되는 것 아닌가?

징병 신체검사 진풍경

태국도 우리처럼 군 입대 대상자를 선발하기 위해 장정들을 대상으로 신체검사를 한다. 그런데 이 신체검사는 우리네와는 여러 가지로 전혀 다른 그야말로 골 때리는(?) 모습이 많은 아주 재미있는 현장이다. 주로 초등학교 등에서 이뤄지는 신체검사장에 가면 우선 검사장 주변이 장정들과 그 가족들로 북새통이다. 장정가족이 따라와 구경하기 때문이다. 당국도 이를 제지하지 않고 현장을 개방하고 있다.

온종일 자기순번을 기다리는 동안 젊은이들은 군데군데 친구들과 퍼질러 앉아 맥주파티를 하기도 한다. 무슨 소풍이라도 나온 듯 희희낙락하는 모습이 우리네와는 너무 달라 재미있다. 뿐만이 아니다. 신체검사 받느라 벌거벗은 장정들 몸을 보면 문신 새긴 친구들이 왜 이리도 많은지 참 신기하기도 하다. 팔이나 신체 일부에 가볍게 한 문신이 아니라 온 몸을 그림으로 도배질한 사람도 많다. 호랑이 등 각종 동물이나 꽃등 각기 기호에 따라 전신문신의 형태도 천차만별이다. 우리나라에서는 문신을 할 경우 군 입대가 안 되지만 태국에서는 전혀 상관이 없다. 태국에서 문신은 젊은이들 간에

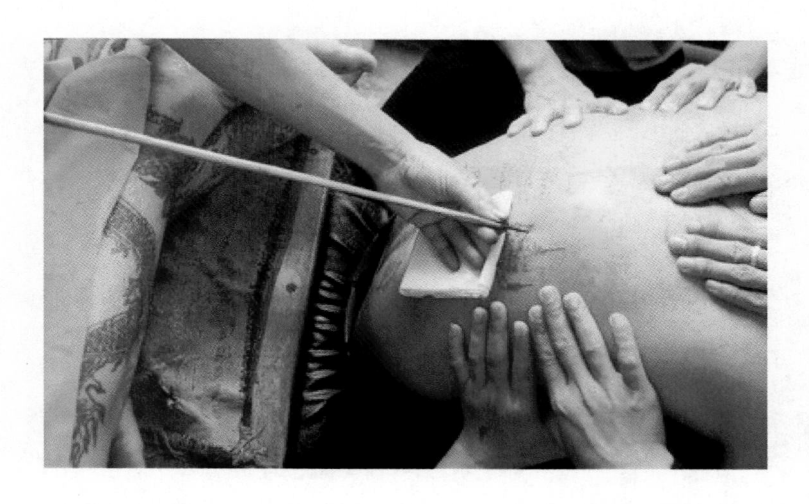

아름답게 보이기 위해 미용으로 하는 경우가 많다. 액땜을 막고 복을 부른다는 부적문신도 예부터 내려오고 있기도 하다. 이런 류의 문신은 절에서 새겨주기도 해서 이래저래 **태국 젊은이들 몸에는 문신이 많다.**

조폭 저리가라 할 만한 문신들을 흥미 있게 쳐다보고 있노라면 다들 벌거벗고 있는 검사현장에 느닷없이 늘씬한 미녀가 등장하기도 한다. 장정들이 벌거벗고 있는 현장에 미녀가 겁도 없지 어떻게 저렇게 나타날 수 있을까? 의문은 곧바로 풀렸다. 미녀가 아닌 장정인 것이다. 겉모습은 늘씬한 팔등신 미인이지만 정체는 성전환수술을 받은 트랜스젠더인 것이다. 당연히 신체검사를 받아야 할 수밖에.

미녀와 인터뷰를 해보니 남자들만 있는 곳에 와서 신체검사 받으려니 몹시 부끄럽다고 말한다. 생김새나 목소리, 생각하는 것까지 모두 여자인데도 남자로 태어났기 때문에 신체검사를 피할 수는 없다.

그러면 미녀장정은 누가 신체검사를 해야 하나? 남자가 해야 할지 여자가 해야 할지 도대체 헷갈린다. 그래서 남녀 검사관이 모두 검사를 한다. 미녀장정만을 위한 별도의 공간에 남녀 검사관이 함께 들어가 검사를 한 뒤 징집면제조처를 취해준다. 태국에는 성전환자들이 많은 까닭에 신체검사장마다 이런 진풍경은 심심치 않게 벌어진다.

그러나 태국군 징병 신체검사장의 가장 하이라이트는 제비뽑기이다. 태국에서는 재미있게도 군대 갈 장정을 제비뽑기를 해서 결정한다. 군 입대와 관련한 비리를 제도적으로 막기 위한 장치로 고안된 방법이다. 젊은이들은 전혀 불만이 없다. 방법은 간단하다. 신체검사를 받은 뒤 기다리다가 자기 이름을 부르면 큰 통 안에 손을 넣어 카드를 뽑는다. 빨간 카드를 뽑으면 즉시 판정관이 당첨(?)을 큰 소리로 외쳐댄다. 검정카드를 뽑으면 면제가 된다. 검정 카드를 뽑으면 뛸 듯이 기뻐하고 빨간 카드를 꺼낸 뒤에 그저 멋쩍어하는 모습을 보이는 장정은 양호하다. 어떤 젊은이들은 낙담해 휘청거리는가 하면 눈물을 펑펑 쏟기도 하는 등 즉석에서 희비가 엇갈린다. 당사자뿐만 아니라 옆에서 기다리던 가족, 친지들까지 덩달아 울고 웃는다.

재미있는 것은 판정관이 제비 내용을 외쳐댈 때 군 입대 결과가 나오면 기다리고 있는 다른 장정들이 일제히 환호하며 싱글벙글하는 것이다. 제비를 먼저 뽑은 장정들이 군 입대 제비결과가 나오는 만큼 뒤에 뽑을 사람은 군 입대 제비를 뽑을 확률이 적어지기 때문이다. 이쯤 되면 분명히 남의 불행은 나의 행복이 되는 경우가 아닐까?

그러나 우리가 생각한 만큼 감정표현이 그처럼 격렬하거나 극적이지는 않다. 우리 경우를 생각해보자. 군 입대가 제비뽑기로 결정된다고 우리네는 사활이 걸린 듯한 표정으로 좋아하고 슬퍼하지 않겠는가? 그에 비하면 태국 사람들의 감정 표현강도가 한결 약해 보인다. 이는 태국 사람 특유의 성격 때문이기도 하고 실제로 군대 가는 충격이 우리 같지 않아서이기도 하다. 명문이나 부잣집 아들들은 군 입대를 한결같이 꺼리지만 서민들은 그렇지 않은 것이다. 군대 가면 먹을 것 입을 것이 해결되기도 하고 우리네 군대보다 급료수준이 상대적으로 낫기 때문에 IMF 등 경기 침체 때는 군입대희망자가 크게 늘어나기도 했다. 그래서 지역에 따라서는 제비뽑기 추첨을 안 해도 군 입대 장정 수가 다 차기도 한다. 일단 지원자를 받아서 채우고 난 뒤 제비를 뽑기 때문에 군대 가게 되는 재수 없는(?) 경우가 상대적으로 적은 것이다. 이래저래 태국군 징병검사장은 우리네와는 너무 다른 재미있는 진풍경의 연속이다.

태국 음식- 마이싸이 팍치와 똠얌꿍

태국여행 가서 현지 음식 먹기를 시도하다 저절로 익히는 말 가운데 하나가 "마이싸이 팍치" 라는 말일 것이다. "**팍치**는 빼고 주세요"라는 의미인데 팍치야말로 그 특유의 향 때문에 처음 먹어보는 한국인이라면 대부분 질색하는 나물이다. 우리나라에서는 고수라 부른다. 수입소스를 파는 북창동 같은 상점에서는 제주도에서 재배한 고수를 구할 수 있다. 태국을 상징하는 향토음식으로 피를 맑게 하는 등 여러 가지로 몸에 좋은 음식이다. 이 나물을 먹기 때문에 모기가 덤벼들지 못한다고 하니 말라리아 등 현지풍토병에 안 걸리려면 열심히 먹어두는 게 좋은 음식이다. 하지만 대부분의 한국인들이 오랫동안 거주해도 익숙해 지지 않을 만큼 그 첫 맛이 고약한데 일단 익숙해지면 또한 그 묘한 맛에 이끌려 끊을 수 없는 중독성 음식이기도 하다.

이 맛과 함께 태국을 상징하는 음식이면서도 우리 입맛이 보통 거부하는 똠얌꿍 요리가 있다. 우리나라에서 김치찌개 정도의 위상을 차지하는 음식으로 꼭 한 번은 시도해볼 것을 강추하고 싶은 음식이다. 새우와 해산물에 특유의 시고 매운 맛이 나는 맑은 국물을 신선로처럼 끓여 먹는데 그 향이 우리에게는 잘 안 맞는다. 사실 똠얌은 건더기의 주재료로 새우(태국어로 꿍)를 넣으면 똠얌꿍이 되고 닭고기(태국어로 까이)를 넣으면 똠얌 까이가 된다. 보통 새우를 넣어 조리하기 때문에 똠얌꿍이 태국어로 똠은 '끓이다'라는 뜻이고 얌은 여러 맛이 섞였다는 뜻이다. 똠얌꿍을 우리나라말로 표현하자면 시큼한 새우찌개 정도가 아닐까?

하지만 이 음식이야말로 세계 4대 스프에 낄 정도로 세계적 팬을 많이 확보한 태국의 대표음식이다. 사스가 한창 동남아에 창궐할 때 태국은 거의 안전지대로 남아 있던 것도 이 음식 때문이라고 한다. 현지 교민들은 몸이 으스스하고 감기몸살 기운이 있으면 똠얌꿍을 먹고 충분히 자고 나면 낫는다고 말하는 사람이 많을 정도로 몸에 좋은 음식이다. 그래서 태국에서 사는 동안 이 맛에 익숙해지면 정말 못 잊게 되는 음식이기도 하다. 시고 매운 맛이 강한 것은 레몬그라스와 라임, 고추를 많이 넣기 때문인데 여기에다 깔랑갈이라는 우리나라 생강 비슷한 재료가 들어간다. 똠얌꿍에도 역시 팍치가 들어가기 때문에 싫은 사람은 '마이싸이 팍치' 하면 된다.

똠얌꿍과 달리 우리 입맛에 잘 맞는 태국의 대표적 음식 중에서 빠질 수 없는 것은 카오팟, 즉 볶음밥이다. 태국의 볶음밥은 우선 가격이 싸고 그리고 그 맛이 우리나라에서 먹는 볶음밥보다 훨씬 느끼하지 않고 개운하다. 그것은 아마도 볶음밥에 피쉬 소스가 들어가기 때문이 아닐까 싶다. 볶음밥은 시장 안에 있는 작은 식당에서부터 고급식당까지 취급하지 않는 곳이 없을 정도로 아주 대중적인 음식이다. 가격도 가장 싼 35바트에서 비싼 곳은 100바트 정도이니 우리 돈으로 1,000원에서 4,000원 정도로 저렴해 부담 없이 먹을 수 있는 음식 중 하나이다.

이와 함께 태국 가서 꼭 먹어봐야 하는 음식은 **꾸웨이띠요**라는 이름의 쌀국수이다. 길거리 어디서나 포장마차에서 파는 쌀국수로 만드는 사람의 솜씨에 따라 맛이 다르다. 우리 돈으로 2,000원이 안 되는데 뭐가 많이 들어간다. 숙주나물과 룩친이라는 태국어묵 등이 들어가고 기호에 따라 국수의 굵기(면발은 가는 순으로 쎈미<쎈렉<쎈야이)를 선택한다. 그리고 돼지고기나 닭고기 등을 기호대로 넣고 설탕과 고춧가루 장들을 적당히 넣어 먹는데 시원한 국물 맛이 정말 일품이다. 물론 팍치도 넣어야 제 맛이지만 싫으면 역시 '마이 싸이 팍치' 하면 된다.

국물국수가 아닌 볶음국수는 팟 타이(Phat Thai)라고 불리며 태국을 대표하는 국수이다. 볶음 요리로 해물을 주로 섞어 요리하며 땅콩가루를 얹어준다. 정말 맛이 있는 국수로 꼭 권하고 싶은 음식이다. 태국 사람들은 돼지고기가 들어가는 음식은 다 중국 음식이라고 생각한다. 태국은 중국 영향을 많이 받아서 모든 음식에 돼지고기가 들어 있다. 그런데 팟 타이는 유일하게 돼지고기가 들어가지 않는 음식이다. 그래서 팟 타이(태국어로 태국인 또는 태국 물건이라는 의미)라고 음식 이름을 정했다고 한다.

이밖에 태국 패키지관광을 가면 꼭 먹게 되는 음식이 바로 수끼이다. 우리나라의 전골이나 일본식 샤브샤브와 비슷한 음식으로 맑은 육수에 고기, 해산물, 어묵, 야채 등을 넣어 끓인 후 소스에 찍어먹는다. 육수와 양념은 기본으로 제공되며, 넣을 재료는 선택할 수 있다. 보통 작은 접시에 5~6조각 정도이며, 가격은 종류에 따라 40~200바트 정도이다. 다 먹고 난 후에는 남은 국물에 참기름과 밥을 넣어 볶아먹거나 달걀과 쌀을 넣어 죽으로 만들어 먹기도 한다. 대표적인 수끼 음식점으로는 〈MK〉, 〈Coca〉, 〈MD〉 등의 체인점이 지역마다 있다.

태국에서 특히 우리 입맛에 맞는 음식은 중국의 영향을 받은 음식이다. 현재 태국의 화교들은 현 랏따나꼬씬 왕조의 라마 4, 5, 6세 때인 19세기 말에 중국 남부인 광똥(廣東)성이나 후지엔(福建)성 주변에서 이민을 받아들여 급증했고 자연스레 중국의 서민 음식문화가 따라 들어왔다. 중국인들이 들여온 것 중에서 영향이 큰 것은 이른바 중국식 냄비와 면류와 장류이다. 대표적인 음식으로는 앞에서 언급한 쌀국수 등의 국수류, 끼요우, 싸라뻬오 등의 만두류, 각종 볶음과 탕류, 무댕, 뻿양 등의 오리나 돼지구이 요리를 들 수 있다. 그 외에 굴 소스를 사용한 볶음요리가 많다.

중국의 영향을 받은 또 하나의 음식문화는 젓가락 문화다. 젓가락을 사용하는 곳은 세계에서도 오직 한국, 중국, 일본,

베트남에 이어서 태국을 꼽을 수 있다. 특히 우리나라 경우 유일하게 쇠젓가락을 사용할 줄 아는 민족으로 젓가락 문화에 관한 한 단연 타의 추종을 불허한다. 나머지 나라들은 나무젓가락을 쓰는데 태국도 마찬가지이다. 식생활의 경우도 태국 요리로 소개된 것 중에는 중국 요리를 발달시킨 것과 중국 요리 그대로인 것이 많다. 우리 입맛에 맞지 않지만 카레류 등의 인도 음식도 태국에서는 꽤 발달해 있다.

태국은 기본적으로 먹거리가 풍부한 나라이다. 육지에서는 쌀이 넘쳐나고 물에 가면 물고기가 가득한 나라이다. 태양 볕이 일 년 내내 넘쳐 과일도 풍성히 난다. 한 번도 주권이 흔들릴 만한 외침을 받은 적이 없이 사회가 안정되어 먹거리를 맛있게 개발하는 미식가 문화도 발달해 왔다. 그래서 음식문화 자체가 가지는 경쟁력이 강하다. 게다가 관광대국답게 자국음식을 세계에 알리는 데 노하우와 열정도 대단하다. 일찌감치 정부 주도 아래 태국 음식을 세계화하자는 목표를 세워 태국을 세계의 주방으로 만든다는 Kitchen of the World 사업과 Thai Kitchen goes International의 프로젝트를 추진해 오고 있다. 한 조사에 의하면 태국 정부는 현재 이탈리아, 프랑스, 중국에 이어 세계에서 4번째로 인기 있는 태국 음식을 궁극적으로는 세계 제1의 음식으로 만들겠다는 야심찬 계획을 추진 중이라고 한다.

불교국가의 메시아 합창

누구나 아는 것처럼 태국은 동남아시아의 대표적인 불교국가이다. 나라 전체에 화려한 불교사원이 가득하고 집집마다 불상들이 있다. 불교의 생활풍습이 삶의 일부가 되어 있다.

그런데 이런 불교국가에서 해마다 12월이면 예수 그리스도를 찬양하는 메시아 공연이 50년 가까이 계속되어 오고 있다. 3시간 공연의 피크에서 '할렐루야 할렐루야'가 웅장하게 울려 퍼지고 난 뒤 감동에 찬 관중들이 기립박수를 치고 있다. 과연 여기가 정말 방콕인가 싶은 생각이 들 정도다.

메시아 공연은 태국이 일찍부터 개방화되고 방콕이 정말 국제도시임을 확인해 주는 또 하나의 사건이다. 메시아 공연은 기독교 신자 내외국인 2백여 명이 적지 않은 시간을 들여 자발적으로 오랫동안 연습과 준비를 한 끝에 이뤄진다. 이들 모두가 프로가 아닌 아마추어 음악인들이다. 어린 학생에서부터 나이 70에 가까운 노인에 이르기까지 태국에 사는 다양한 국적의 사람들이 메시아 공연에 참가한다. 택시 운전기사도 있고, 선교사에 가정주부, 학생 등 저마다 직업도 다르고 국적도 다르다.

하지만 이들의 공통점은 음악을 좋아하고 예수를 사랑하는 종교적 열정을 가졌다는 점이다. 그래서 해마다 성탄절이 다가오면 서너 달 전부터 매주 한 차례 모여 3, 4시간을 메시아 공연연습에 기꺼이 바치는 것이다. 10년 이상씩 꾸준히 이 공연에 참가해오고 있는 단원들이 많은데 태국에 사는 한, 이 공연에 꼭 참가하겠다는 열성파들이 대부분이다. 공연장에는 크리스천이 아니면서도 문화적 호기심이나 즐거움을 찾아 온 태국 사람들도 상당수이다. 3시간 정도의 메시아 공연이 끝나면 공연장은 벅찬 환희와 감동으로 가득 찬다. 이런 감격은 벌써 50년 가까이 되었고 갈수록 그 명성을 더해가고 있다. 그래서 해마다 성탄절이 다가오면 방콕에서는 이 메시아 공연이 종교에 관계없이 가장 기다려지는 행사이기도 하다.

수쿰빗 거리와 사람, 사람, 사람

태국을 찾는 외국인에게 가장 유명한 곳은 **수쿰빗**이다. 가장 중심지역이기 때문이다. 원래 수쿰빗은 방콕에서 파타야를 지나 뜨랏까지 연결되는 400km의 고속도로를 말한다. 태국의 4대 고속도로의 하나다. 그런데 방콕의 시작 부분이 중심가를 관통하는지라 **수쿰빗하면 보통 방콕의 번화가**를 의미하는 대명사처럼 통한다. 최근에 수완나품 국제공항이 열리면서 더욱 중요해졌다. 공항에서 방콕 중심가에 가려면 반드시 지나는 길이 수쿰빗이기 때문이다.

수쿰빗 거리에는 연중 24시간 사람이 있다. 모든 것이 수쿰빗에 몰려 있다. 호텔도, 고급 주거지역도, 최신 유행도, 유흥가도, 인간도, 태국에서는 모든 것이 수쿰빗에 집중되어 있다. 심지어 지상철 sky trainain도 이곳을 따라 나 있다. 자연스레 사람의 발길이 없을 때가 없고 항상 사람냄새가 가득한 곳이다.

대로를 중심으로 왼쪽 골목은 홀수를 차례로 붙이고 오른쪽 골목은 짝수를 붙인다. 수쿰빗 소이(골목) 1, 3, 5…… 하는 식으로 말이다. 대로변은 상업지역이고 골목 깊숙이 들어가면 주거지역이다.

주거지역에는 외국인을 겨냥해 지어진 고층아파트와 단독주택들이 뒤섞여 있다. 상업지역에는 호텔과 백화점이 밀집되어 있고 세계의 맛을 즐길 수 있는 음식점들이 가득하다. 한국 음식점과 상점들이 몰려 있는 수쿰빗 플라자도 바로 이곳에 있다. 대로에는 온갖 종류를 파는 노점상과 포장마차들이 즐비하다. 이래저래 사람들로 붐빌 수밖에 없다.

밤에는 완전한 유흥가다. '나나'니 '카우보이'니 하는 **유흥가의 대명사**가 수쿰빗에 있다. 요즘은 이곳뿐만 아니라 수쿰빗 전체가 '나나'나 '카우보이'가 되는 듯한 추세이다. 그만큼 성(섹스)을 사고파는 주점이 만연해 간다는 뜻이다. 여장남자도 많고 지나가는 여인들은 다 거리의 여인들로 보일 만큼 남성들을 유혹하는 여인들이 가득한 수쿰빗은 이래저래 하룻밤 남녀의 운우지정이 가장 많이 쌓이는 곳이다. 성경의 소돔과 고모라를 연상하게 한다. 수쿰빗 거리에는 인간의 오욕칠정이 범벅되어 있는 듯 언제나 역하고 묘한 냄새가 가득 차 있다.

테마가 있는 백화점, 터미널 21

후진국인 태국을 한국보다 더 선진국으로 보이게 하는 백화점이 있다. 수쿰빗 소이 21에 있는 〈터미널 21〉 백화점이다. 이 백화점은 국제도시 방콕을 한 마디로 요약해 보여주는 곳이다. 세계 주요지역을 이 백화점에서 다 엿볼 수 있기 때문이다. 우선 9층 건물 전체가 각 나라를 상징하도록 설계 및 디자인되어 있다. 입구부터 세계 각국으로 여행을 가는 공항터미널처럼 모든 구조물들이 설계되어 있다.

각 층별로 보면 다음과 같다.

LG(지하 1층)- 캐리비안
GF(지하 2층)- 로마
MF(지하 3층)- 파리(지상철 역사와 연결됨)
1F- 도쿄
2F- 런던
3F- 이스탄불
4F- 샌프란시스코
5F- 샌프란시스코 pier(항구) 21
6F- 할리우드(영화관과 마사지 숍)

층별로 돌아보면 참 재미있다. 도쿄 층에 가면 그냥 일본 한복판에 와 있는 듯하다. 매장 사이 골목이 그렇고 상품도 일본 상품을 판다. 심지어 **화장실 구조**도 일본의 식당을 그대로 따 와서 설계되어 있다. 관광객들이 화장실을 배경으로 기념사진을 찍는 곳은 이곳이 세계에서 유일하지 않을까 싶다.

런던 층에 가면 런던 중심가를 다니는 **2층 버스**가 전시되어 있다. 경비원도 런던식 옷차림을 하고 있다. 샌프란시스코 층에는 **그 유명한 금문교 모형**이 층과 층을 가로지른 허공에 걸려 있다.

국제도시가 다 몰려 있는 만큼 세계의 먹을거리는 다 있다. 식당마다 저마다의 특징으로 손님을 유혹한다. 물론 한국식당도 있다. 하나하나 다 들어가 볼만한 곳이지만 강추하고 싶은 곳은 **푸드 코트**이다. 세계 각국의 음식을 한 자리에서 맛볼 수 있는 동시에 무엇보다 값이 싸기 때문이다. 입구에서 쿠폰 200바트를 사니 둘이서 쌀국수와 볶음 국수, 볶음밥 2개를 시켜 먹어도 50바트가 남는다. 최고의 백화점 식당에서 식사하는 가격치고는 그야말로 환상적이다.

건물 전체가 모던한 느낌을 받도록 근사해서 자연스레 쇼핑보다는 그냥 구경이 더 하고 싶어지는 곳이다. 여기에 백화점 측의 계산이 있다. 층마다 오래 구경하면서 쇼핑을 하라는 것이다. 그래서 에스컬레이터 구조도 다르다. 보통의 백화점들은 한결같이 층을 연결하는 에스컬레이터가 한쪽으로만 되어 있다. 올라가는 방향과 내려가는 에스컬레이터는 서로 다른 쪽에 위치해 있어서. 한 방향으로 빨리 오르거나 내려가기 좋도록 되어 있다. 하지만 터미널

21은 에스컬레이터가 양방향으로 설치되어 있다. 그래서 계속해서 내려가거나 올라가려면 건너 방향으로 가면서 자연스럽게 층을 구경하도록 하는 것이다. 그럴 듯하긴 하지만 솔직히 구경 많이 한다고 많이 사는지는 잘 모르겠다. 하지만 이곳이 요즘 방콕에서 요즘 제일 뜨는 백화점인 것만은 분명하다.

4부

태국의 그늘

마약 이야기

관광대국 태국의 이면에는 환락의 그늘이 짙다. 육신을 쾌락으로 채우며 무절제의 늪으로 끌어들이는 것들, 술과 섹스 그리고 마약이 태국에서는 너무 쉽다. 방콕의 밤거리는 주점마다 여인들이 넘쳐난다.

몇 마디 말로 여행객들을 유혹하는 여인들, 그 가운데는 마약의 늪에 빠져든 여인들이 적지 않다. 유흥업 종사자의 90%가 마약사용 경험이 있고 상습 복용자가 절반에 가까운 것으로 알려져 있다. 태국 마약 단속국 이사회(ONCB)에 따르면 태국의 수도 방콕에만 약 9~10만 명에 달하는 마약 판매상과 중독자가 있는 것으로 예상된다. 환락가의 밤 문화 때문이다.

태국 전체적으로 보면 마약 흡입자가 2003년 46만 명에서 2009년에는 60만 5,000명으로 늘어났다. 현재는 마약중독자가 120~130만 명 정도로 추산된다. 태국 정부가 마약과의 전쟁을 선언하고 고강도 퇴치작전에 나선 것도 무리가 아니다. 마약이 구하기도 쉬울 뿐 아니라 학생들이나 어린아이들에게까지 뿌리깊게 침투해 일상화되어 있기 때문이다.

한밤중에 차를 몰고 시골지역 국도를 가다보면 중앙선 넘어 마주

오는 트럭들을 종종 만날 수 있다. 황당하지만 우선 피해가는 수밖에 없다. 이런 경우 종종 마약 야바(YABA)를 복용하고 운전하는 경우이다. **야바**를 먹으면 뇌가 잠들어도 눈은 떠있는 것이다. 학생들 역시 수험기간 잠을 쫓기 위해 야바를 복용하기도 한다.

야바는 태국 사회에서 가장 흔한 마약이다. 필로폰에 카페인과 헤로인, 감기약 성분인 코데인같은 환각제를 섞어 만든다. 한 번 복용하면 사흘간 잠을 자지 않을 수 있다고 한다. 동남아 마약밀매 조직인 쿤사 지배지역에서 분말 형태로 생산된 뒤 태국에서 재가공되어 일본과 호주 등으로 유통된다. 최근에는 우리나라도 대상이다. 알약이나 캡슐 형태여서 공항 마약 탐지견도 쉽게 발견하지 못한다. 국내에 들어오는 태국인 노동자나 불법체류자들 일부가 몰래 들여와 유통시키는 경우도 적지 않다. 때로는 국제택배를 통해서도 들어온다. 태국에서 복용하던 이들이 국내에서도 계속 야바를 찾기 때문에 수요가 점차 늘어나고 있다. 야바 밀반입 관련 범죄기사도 종종 언론보도로 나온다. 외국인 근로자가 많은 안산지역 관할 경찰서에는 마약전담팀이 꾸려질 정도이다.

파타야나 푸켓 지역을 가면 나이트클럽을 중심으로 엑스터시가 많이 나돈다. 투약후 머리를 흔들며 춤을 추면 환각의 도가니에 빠진다고 해 '도리도리'라는 이름으로 알려져 있는 마약이다. 값은 싸지만 환각작용은 히로뽕보다 3~4배 강하다. 파타야 지역 등지에서는 일부 현지 가이드들이 신혼여행온 젊은이들에게 엑스터시를 은근히 권하기도 한다. 회원제 가라오께를 가면 룸

한쪽에서 단골손님들이 여인들과 코카인을 빨아대는 것을 어렵지 않게 볼 수 있다.

이 뿐만이 아니다. 종이에 마약성분을 흡착시킨 LSD도 있고, 껌처럼 씹어먹는 마약 태국산 카트도 있다. 최근에는 아이스라는 마약이 유행이다. 아이스는 흡입할 수 있도록 처리된 메스암페타민 유도체이다. 수정 같은 무색의 결정체 형태여서 아이스라고 불린다. 흡입하면 크랙(Crack; 코카인에 베이킹파우더 등을 첨가하여 가공한 결정체)과 비슷하게 강력한 정신적·육체적 행복감을 맛볼 수 있다고 한다. 크랙보다 지속시간이 오래가기 대문에 더 높은 가격에 팔린다는 마약이다.

태국 사회는 마약이 이처럼 종류도 많고 흔하다. 20년 이상 마약전쟁을 벌여왔는데도 왜 이럴까? 이웃나라에서 마약이 대거 유입되기 때문이다. 태국 정부는 과거 20년 동안 국내 대규모 양귀비밭을 거의 다 없앴다. 하지만 이웃한 미얀마와 라오스 등지에서 대량의 각성제와 헤로인 등이 끊임없이 들어오고 있다. 국경선은 그저 탁 트인 산일뿐이다. 철조망이나 장벽 등이 전혀 없는 것이다. 야음을 틈타 국경지역 야산을 넘어 마약을 나르는 이들과 단속경찰의 숨바꼭질이 매일처럼 일어난다. 하지만 5천 km 달하는 국경선을 무슨 수로 다 지키겠는가? 관광객이 밀려들고 방콕의 밤거리가 화려해질수록 마약의 늪은 더 깊어지는 듯하다. 그럴수록 마약전쟁은 태국의 숙명처럼 되어 가고 있다.

'크라톰 칵테일'을 없애라- 신종마약전쟁

태국 남부지역은 이슬람 분리주의자들의 테러가 끊이지 않고 있는 곳이다. 이 지역에 최근 천연 신종마약이 등장해 태국 정부가 또 다른 골치를 앓고 있다. '**크라톰**(Kratom)칵테일'로 불리는 마약이 젊은이들 사이에 급속히 유행하고 있는 것이다.

원료는 동남아시아의 열대우림지역에서 흔히 볼 수 있는 관목인 미트라지나 나무의 잎이다. 잎을 쪼개 그릇에 넣고 물을 부어 달이기면 하면 된다. 마시면 머리가 맑아지고 힘이 난다. 잎이 각성과 진정 효과가 있는 것이다. 그래서 원래 농부들이 한때 피로를 잊기 위해 씹어 먹곤 했던 잎이다. 하지만 좋은 음료가 많이 나오면서 차츰 잊혀져 가다가 최근 새로운 복용법이 알려지게 됐다.

잎을 달인 물을 감기약 시럽이나 콜라, 얼음 등과 섞으면 각성효과가 훨씬 더 커진다는 것을 새롭게 알게 된 것이다. 젊은이들이 그 맛에 빠른 속도로 빠져들고 있다. 태국 정부가 남부의 3개 주에서 10대 청소년 1천 명을 대상으로 조사한 결과 94%가 크라톰을 복용하는 것으로 나타날 정도이다.

중독된 젊은이들이 틈만 나면 산으로 달려가 잎을 딴다. 태국 정부는 군까지 동원해 단속에 나서고 있다. 숲속에서 매복을 하거나 하루에도 몇 차례씩 자생지역 순찰을 돈다. 지역자체가 상습테러 지역이어서 위험은 말할 것도 없다. 숲에 가지 않더라도 나뭇잎은 20장에 3천 원 정도에 불과하다. 이래저래 젊은이들은 손쉽게 신종마약에 중독된다.

마약중독도 문제지만 더 큰 문제는 범죄에 악용되는 것이다. 남부지역은 대낮에 경찰에 총을 쏴 살해하는 일이 수시로 일어나는 곳이다. 그런 대담한 범행의 배후에는 젊은이들을 마약으로 부추기는 분리주의자들이 있다고 수사당국은 추정한다. 태국 정부가 더 우려하는 것은 이 마약이 테러세력의 자금줄로 이용되고 있다는 것이다. 마약세력과 테러세력이 손을 잡고 기획테러를 한다고 의심하고 있다. 테러로 군경의 시선을 돌리게 한 뒤, 마약운반이나 거래를 용이하게 한다는 것이다.

그래서 군경은 원천봉쇄작전에 나섰다. 아예 숲에서 크라톰 나무를 닥치는 대로 베어 없애는 것이다. 이리되면 숲의 훼손은 어느 정도 불가피하다. 더욱이 나무를 죽인다고 제초제를 쓰기 때문에 수질오염이나 다른 동식물 생존에 위협이 된다. 환경단체의 반대가 빗발칠 수밖에 없다.

태국 정부는 최근에는 교육이라는 방법을 통해 젊은이들을 마약에서 벗어나게 하려 애쓰고 있다. 마을마다 마약전담 요원들을 보내 적극 크라톰 칵테일의 위험성과 위법성을 강조해 알려주는 것이다. 마을 어른들도 예전에 별 생각 없이 씹곤 했던 크라톰 나뭇잎이 엄청나게 자식들을 망치고 있다는 현실을 깨닫기 시작했다. 하지만 이미 상당수 젊은이들이 깊이 중독된 상태이다. 그럴수록 태국 정부는 **크라톰 칵테일**과의 전쟁의 수위와 강도를 높이고 있다.

남부 3개 주는 태국에서 가장 아름다운 숲과 해변을 자랑하는 지역이다. 하지만 이는 겉모습뿐 속은 테러와 마약전쟁으로 깊이 망가지고 있어서 아이러니하게 느껴진다.

불교국가와 골초승려

태국은 불교국가답게 어딜 가도 근사하게 지어진 절이 많다. 온통 **금도금을 한 불상**이 가득하다. 건물 하나하나가 저마다 웅장하고 화려하게 지어져 불교국가의 면모가 실감난다. 경내를 거닐면 절 특유의 엄숙하고 경건한 분위기에 빠져든다. 그러나 이런 분위기는 경내에서 **담배를 꼬나문 스님**을 보는 순간 여지없이 깨진다.

당혹감이 밀려들고 혼란스럽다. 스님이 담배라니 그것도 공개적으로 절 안에서 담배를 피우는 상황을 어떻게 해석해야 할까? 속된 말로 땡초가 아닌가 하는 의문이 생겨난다. 보통 승려들 가운데 간혹 그런 승려가 있겠지 했는데 그게 아니다. 물에 뜨는 여승들이 있어서 유명한 칸차나부리의 한 절을 찾았을 때는 주지승까지도 대화도중 연신 줄담배를 피웠다. 주지승은 탁자에 담배 한 보루와 재떨이, 라이타가 준비되어 있는 게 여간 골초승이 아니었다.

이렇듯 태국에서는 승려들이 담배를 즐기는 게 우리네와는 완연히 다르다. 우선 담배를 금하는 계율이 없다. 게다가 일생에 한 번쯤은 승려가 되는 관습에 따라 속세출신 승려들이 많다. 술 마시고 여인과의 로맨스도 있는 세속의 낙을 누리지 못하는 까닭 때문인지 흡연 승려들이 많다. 일각에서는 더운 기후에 기승을 부리는 해충들을 막기 위해 담배를 피우는 관행이 내려왔다는 분석도 한다.

원인이 어쨌든 승려들 흡연율이 일반인보다 2배 이상 높아 55%나 된다. 그만큼 승려들의 흡연 관련 발병률이 높다. 집중적으로 통계를 낸 1997년에서 2000년 사이에 승려들 흡연발병률이 86%나 증가하는 결과가 나오기도 했다.

정부에는 비상이 걸렸다. 왜냐하면 불교국가 이미지에도 누가 되지만 무료로 치료해 줘야하는 승려들 때문에 예산부담이 적지 않게 늘어나기 때문이다. 정부 차원에서 대대적으로 금연 캠페인이 시작됐다. 일부 고승들을 중심으로 금연운동도 확산되기 시작했다. 금연운동에 동참한 절들은 경내를 금연구역으로 선포했다. 소속 승려들의 흡연을 전면 금지시키고 경내에는 금연을 계몽하는 홍보물을 곳곳에 설치했다. 어떤 절은 일반인까지 경내에서 담배피우다 적발되면 일주일간 경내 강제노역을 시킬 만큼 엄격하게 금연운동을 벌여나갔다. 승려가 되길 원하는 일반인은 담배를 끊어야 승려로 받아주었다. 승려가 담배를 피우다가 적발될 경우 승적을 박탈하고 세상으로 쫓아버렸다.

금연운동을 선도적으로 벌여나가는 절은 주지승이 도가 높은 고승으로 존경받는 경우가 대부분이다. 고승들은 계율에 담배를 금하지 않더라도 스스로 담배를 멀리한다. 이들은 담배피우는 승려는 제대로 된 승려가 아니라며 승려들의 금연을 강력히 계도한다. 하지만 유감스럽게도 이런 고승들은 매우 적은 숫자이다. 대부분의 승려들은 여전히 담배를 즐기고 있고 담배를 끊을 생각조차 전혀 하지 않아 정부의 고민을 더해주어 왔다. 하지만 고승들을 중심으로 한 금연운동이 더욱 탄력을 받으면서 태국 승단은 2006년부터 출가수행자의 흡연을 엄격히 금지하는 새로운 율을 제정했다. 이후로는 승려가 사원에서 공개적으로 흡연하는 행위는 확실히 눈에 띄게 줄어든 것은 사실인 듯하다.

창살 없는 감옥 삶

태국 사회는 자연조건이 좋아 무엇이든 풍부하고 인심도 넉넉한 게 확실하다. 그런데 유독 인색한 분야가 있다. 바로 자국 내에서 사는 소수민족에 대해서이다. 태국북부 미얀마와의 국경지역 치앙마이, 치앙라이 등지에는 미얀마에서 내전이나 박해를 피해 넘어온 소수민족들이 집단적으로 살고 있다. **아카족, 라후족, 몽족** 등 8대 소수민족들이다. 주로 고산지역에 살아 **고산족**들로 불리기도 한다. 이들이야말로 나라가 없는 서러움을 온 몸으로 겪으며 사는 사람들이다.

남의 나라에 살며 재산도 없고 땅도 없고 직업도 없다면 뭘 먹고 살 수 있을까? 산에 불을 질러 땅을 일궈 먹고 사는 화전민의 삶이 거의 선택의 여지가 없는 이들의 삶이다. 특히 태국 땅에서 오래 살면서도 시민권을 받지 못한 고산족들의 경우 시민권이 주는 기본적인 혜택을 누리지 못한다. 정부의 보호도 받지 못해 짐승수준의 삶을 산다고 해도 과언이 아니다.

시민권이 없으면 우선 거주 이전의 자유가 없다, 태국 정부는 인도적 차원에서 이들의 태국땅 거주를 허용하지만 통제가 철저하다. 이들에게는 두 종류의 카드가 주어진다. 그린카드와 블루카드의 2가지이다. 두 신분증명서 모두 태국 거주를 허용하는 증명서일 뿐 시민권과는 관련이 없다. 그린카드의 경우 마을에서 거주는 할 수 있지만 마을 바깥을 벗어날 수가 없다. 블루카드의 경우는 마을 밖까지 벗어날 수는 있지만 다른 지역으로의 이동은 금지된다. 한 마디로 지정된 마을에서 살아야 한다.

거주이전의 자유가 없기 때문에 이들이 겪는 설움은 한두 가지가 아니다. 우선 현실적으로 직업을 구할 수밖에 없다. 마을 밖에 나아가 인구밀집 지역으로 가야 직업을 구하는데 나갈 수 없으니 직업을 구할 수 없는 것이다. 먹고 살기 위해 도심지로 몰래 가 직업을 구할 경우는 불법이 된다. 불법취업이라는 약점 때문에 형편없는 저임금을 감수해야 한다.

그래도 직업을 구해서 살아가는 경우는 다행이다. 그러나 여행 중에 검문검색에 적발될 경우 그대로 감옥행이다. 감옥 안에서 못된 경찰들에게 시달리며 가진 금품을 다 털리고 빈털터리가 되는 경우가 다반사이다. 여인네들은 성희롱은 기본이고 온갖 성적 모욕을 다 당해야 한다. 그렇게 해서 풀려나면 그나마 다행이고 대부분은 국경 밖으로 쫓겨난다. 돈은 없고 다시 집까지 되돌아오는데 굶주린 꼬박 밤낮으로 사흘 길을 걸어야 살던 마을 집으로 되돌아 갈 수가 있다. 그동안 겪는 끔찍한 공포감을 이루 말할 수가 없다. 다시 붙잡힐지 모른다는 불안감과 조바심에 빈털터리가 됐다는 서글픔, 이런 굴레에서 평생 벗어날 수 없다는 절망감등이 교차한다. 그래도 끊을 수 없는 목숨이기에 걷고 걸어서 마을로 되돌아간다. 고산족 어느 마을을 가더라도 한두 번쯤 체포된 뒤 겪은 공포감과 충격에서 벗어나지 못하는 고산족들을 만나볼 수가 있다.

그래서 고산족들에게는 시민권이 생명권이나 다름없다. 태국 정부는 실태조사를 벌여 시민권 없는 이들을 추방하고 있다. 일정기간을 정해 시민권 신청을 받기도 하는데 고산족들은 사실 이런 행정이나 정책에 대한 이해자체가 안 되어 있는 경우가 태반이다. 산에서 살기 때문에 그렇고 태국 말을 이해 못하는 고산족들이 대부분이라 더욱 그렇다. 설사 안다 해도 부패한 태국 지방관청의 문턱을 넘기가 쉽지 않다. 이래저래 시민권 없는 고산족들은 미래에 대한 희망도 없이 하루하루 목숨을 부지해 나가는 정도의 삶을 산다. 그 숫자가 40만 명 가까이 된다.

딸 팔아 마약한다?

태국은 평야지가 대부분이나 북부지방은 산들이 많다. 태국 북부 치앙마이,치앙라이, 매홍손 등에서는 우리나라와 산수가 비슷한 풍광을 볼 수 있다. 이 지역 고산지대에 사는 소수민족들을 고산족으로 부르는데, 이들 가운데는 딸을 팔아 마약을 하는 이들이 있는 것으로 알려져 있다.

정말 그런가? 왜? 야만인이기 때문에? 결론부터 말하자면 이들은 우리네와 다르지 않다. 먹고 살기가 지독히도 어렵다는 점을 제외하면 문명사회에 사는 우리네와 다를 바 없이 가족끼리 끔찍이 위하고 사랑하고 산다.

하지만 겉으로 나타나는 현상만 보면 딸 팔아 마약한다는 끔찍한 이야기도 가능하기도 하다. 왜냐고? 앞뒤 맥락 안 가리고 보면 딸 파는 것도 사실이고 이들이 마약하는 것도 사실이기 때문이다. 앞뒤 맥락을 보려면 이들이 마약을 하게 된 배경부터 살펴봐야 할 필요가 있다.

태국 사회에서 마약에 대한 사회적 통제가 지금처럼 심하지 않을 때 이들에게는 고산지에서 양귀비 재배가 통상적으로 해 온 일이다.

먹고 살기 위해서 이기도 하고 약용으로 쓰기도 한다. 골치가 아픈 세상사를 잃는 기호품이기도 하는 등 양귀비에서 나오는 아편 사용은 이들의 일상사의 일부였다. 그래서 아편중독은 정도의 차이지 대부분 자연스러운 것이었다.

하지만 태국 정부가 마약과의 전쟁을 치르면서 이들의 상황은 복잡해진다. 어느 날 갑자기 일상적으로 재배해오던 양귀비 재배가 불가능해지게 된 것이다. 시도 때도 없이 군경 마약단속반 헬기가 고산지대를 정찰하고 다니며 양귀비 재배지역을 초토화해버린다. 재배하다 붙잡히면 끔찍한 중벌에 처해진다.

설상가상으로 돈 없이 사용하던 아편이 마약전쟁으로 값이 엄청 비싸진다. 경제형편을 생각하면 당연히 끊어야 하는 마약이지만 이미 마약을 끊을 수 없게 된 것이다. 취재 중에 만난 소수민족 중독자는 이명래 고약 같은 아편에 불을 붙여 마셔대며 말하기를 '아편을 안 하면 살아있는 것도 아니고 죽을 수도 없는 기분이다'라고 털어놓는다.

결국 문제는 돈이다. 화전을 가꾸고 사는 소수민족들의 수입이래야 한 달에 2천 바트도 안 된다. 그때그때 끼니거리를 걱정해야 하는 소수민족들이 태반일 정도로 이들은 가난하다. 그런데 아편 한 대 값이 200~300바트나 한다. 아편의 힘으로 살아가려면 한 달에 아편 값이 수 십 만 원 정도를 지출해야 하는 것이다. 절대 불가능하다. 하지만 아편중독자가 아편을 못 할 때의 고통이란 누구보다 가족들이 잘 아는 것이다. 아버지의 고통을 옆에서 지켜보는 딸 또한 심적

고통은 이만 저만이 아니다.

끼니를 제대로 잇기 어려운 가정 형편이다 보면 부모는 어느 날 마을을 찾아온 인신매매상의 말에 혹할 수밖에 없다. 인신매매상이라 하더라도 딸이 도심지에 가서 몸을 팔게 될 것이라고 노골적으로 무식하게 말하지는 않는다. 다만 도회지에 나가면 일자리가 많음을 강조할 뿐이다. 이런 매매상에 딸을 보낼 때 딸의 운명이 어떻게 될 것이라고 짐작 못 하는 바는 아니다. 하지만 가난한 고산족들에게는 달리 선택의 여지가 없다. 먹을 입 하나 더는 것이 도움이 되기도 하고 혹시 딸이 도회지에 가서 돈 많은 외국인을 만난다면 팔자도 고칠 수 있는 것 아닌가 하는 막연한 희망에 딸을 떠나보내는 것이다, 딸을 판 경험이 있는 한 고산족 노인은 5천 바트에 딸을 팔았던 아픔을 털어놓는다. 노인은 사창가로 팔려 가는 것이 아닌가 하는 우려와 걱정이 들었다고 한다. 하지만 가족의 끼니거리를 위해 돈이 절박한 상태에서 어쩔 수 없었다고 힘없는 목소리로 변명을 한다. 사실 고산족 마을에는 이 노인 같은 선택을 하는 경우가 훨씬 많은 마을이 많다.

취재 중 방문한 어느 마을에서는 8백여 가구 가운데 6백여 가구가 딸을 판 경험이 있다. 이런 고산족 마을에 가면 한눈에 집들이 허름한 초가집과 그럴듯하게 지은 집의 두 종류로 확연히 나뉘는 것을 볼 수 있다. 서글픈 사실은 집 외양에서부터 확연히 느껴지는 빈부의 차이가 딸을 팔았느냐 아니냐로 결정된다는 것이다. 허름한 집은 대책 없이 끼니를 잇기 어려운 집이다. 그럴듯하게 지은 집은 딸을 팔았거나 마약밀매에 관련된 집이라고 보면 틀리지 않는다는 것이 안내인의 말이다. 팔려간 딸들은 대부분 유흥가 주점으로 흘러들어 가게 된다. 몸을 버려가며 번 돈을 딸들은 아편부족으로 고통 받는 아버지를 생각하며 가족들에게 돈을 부쳐준다. 아버지가 이 돈으로 아편을 사서 하게 되면 결과적으로 시집보내어 마약한다는 극악무도한 말이 성립되고 마는 것이다 이쯤 되면 고산족의 딸들은 아버지를 구하기 위해 공양미 3백 석에 팔려가는 효녀 심청이와 비슷하지 않은가? 그러나 인당수에 뛰어든 심청이 이야기는 해피엔딩이었지만 도심지로 팔려간 고산족들의 딸은 보통 에이즈로 인한 죽음을 맞는다. 정말 슬픈 이야기다. 하니 말로라도 고산족들이 딸 팔아 마약한다는 말은 하지 않기로 하자.

목이 길어서 슬픈 사람들

사람이 사람을 동물처럼 구경하는 대상이 되어 유명해진 **목이 긴 족속**을 태국 북부지방을 여행해본 사람이면 한 번쯤 봤을 것이라

생각된다. 일반적으로 우리에게는 카렌족으로 알려져 있다. 정확히는 파동족으로 태국 북부 미얀마와의 국경지역 매홍손의 고산지대에 주로 거주한다. 파동족은 카렌족의 일부 부족으로 여자들 목에 10개가 넘는 황동구리로 된 링을 걸고 일평생 살아야 하는 기구한 운명의 존재다. 그래서 말그대로 'Long neck people'이라고 불리고 태국말로는 '**코야오족**'이라고 불리는데 매홍손 지역에 백여 가구가 살고 있는 아주 희귀한 부족이다.

파동족 여자들은 보통 8세 때 2개씩의 링을 채우기 시작해서 22개 되면 끝난다. 이때쯤이면 목의 길이가 30cm 정도로 길어진다. **링을 끼고도 물놀이**도 하고 공놀이도 하고 할 것은 다 하긴 한다. 아무리 전통이라고 해도 왜 그러고 사는 걸까?

소수민족 연구가로 유명했던 고 김병호 박사는 과거 우리나라 TV에서 파동족들의 이 같은 풍습과 관련한 퀴즈가 나온 적이 있다고 했다. 그때 보기로 나온 것이 ①여자가 아름답게 보이기 위해서 ②옛날로부터 내려온 카렌족 여인의 고유한 풍속 ③일생 한 남자만 사랑해야 한다는 정절의 상징 ④옛날 어느 땐가 여자가 잘못을 저질러 벌을 주기 위한 수단이었는데 모두 ④번이라고 했단다. 김 박사는 오답이라고 주장했다. 과거 타 부족과의 전쟁 중 파동족 여자 하나가 중대한 비밀정보를 적에게 누출했다고 해서 벌을 주기 위해 링을 걸었다고 하는 설은 태국 사람들이 관광객들에게 재미있으라고 지어낸 말이라는 것이다. 하지만 김 박사의 주장으로는 정답은 ③번이다. 여자 목에 고리를 끼우면 목을 좌우로 돌릴 수가 없어서 앞만 바라보고 남편만 보고 살라는 잔인한 발상에서 나왔다는 것이다.

옛날 중국에서 성감을 높일 목적으로 여자들의 발을 자라지 못하게 만든 풍속과 유사하다는 것이다. 파동족 취재 당시 물어본 이들에게서 그저 옛날 관습이라고 말할 뿐, 이 같은 답변을 듣기는 어려웠다. 사실이라면 참 기가 막힐 일이다. 아무튼 무게만도 9kg 정도 하는 링을 끼우고 사는 모습이 동물 아닌 동물처럼 신기한 구경거리여서 매일처럼 세계 각국에서 관광객들이 몰려든다. 몰려드는 관광객들이 이들에게 나쁠 것도 없다. 먹고 살기 힘든 이들에게 관광수입이라도 올릴 수 있게 해주니 말이다.

실상 파동족 대부분은 미얀마에서 내전을 피해 태국 땅으로 넘어온 사람들이다. 먹고 살 재산이나 땅도 없는 유랑민 신세 비슷하다. 게다가 시민권도 없어 이렇다 할 만한 직업도 갖지 못하는 처지여서 스스로를 관광상품화해 수입을 올릴 수 있으면 그야말로 천만다행이다.

하지만 돈벌이 되면 인간만사가 복잡해지기 마련이 아닌가? 악덕사업자들이 파동족들을 이용해 돈은 자기들이 벌고 파동족에게는 약간의 돈을 주는 경우가 대부분이다. 하루 종일 조잡한 민예품을 팔고 **관광객들과 함께 사진도 찍어주고** 동물처럼 스스로를 구경시켜주는 대가로 파동족들은 6만 원 정도를 받는다. 많은 돈이 아니지만 이만큼이라도 받는 게 다행이다. 내전과 기근에 시달리던 미안마에서의 삶에 비하면 행복한 편이기 때문이다.

하지만 이런 일거리가 누구에게나 주어지는 게 아니다. 그러다보니 악덕업자를 따라서 살던 곳을 떠나서 외지로 원정 가는 경우가 많다. 업자들이 관광마을로 만든 곳에서 거주하며 하루 종일 몰려오는 관광객들에게 구경거리가 되어 준다. 관광객들 많이 몰리면 그나마 업자들이 약속을 지켜서 월급을 주지만 장사가 신통치 않으면 임금체불 하듯이 돈을 못 받는 경우도 왕왕 있다. 그래도 제대로 항변 못하고 끼니거리 굶지 않으면 다행인 듯 생각하고 산다. 악덕업자 가운데 심한 업자들은 이 핑계 저 핑계로 돈을 안 주는 경우도 종종 있다. 아예 이들을 꼬여 살던 곳에서 떠나게 할 때부터 착취할 생각을 하는 것이다. 하지만 뒤늦게 이런 경우를 당해도 사회적 약자인지라 제대로 항변도 못한다. 살던 곳으로 돌아가려 해도 쉽지 않다. 거주이전의 자유도 없는 소수민족이 사는 주변의 지형정세도 모르고 돈도 없이 여행을 떠나기도 엄두가 안 난다. 사는 곳이 우리 아닌 우리가 되어 동물원 창살에 갇힌 동물처럼 사는 신세가 되는 것이다. 목이 길어 슬픈 사람들이 바로 파동족들이다.

태국의 아킬레스건, 남부지역 무슬림

태국은 치안상황이 아주 좋아 모든 것이 평화롭기만 한 나라이다. 국제학교 세일을 할 때도 필리핀이나 인도네시아에 비해 치안이 비교우위에 있음을 강조해 외국인 학생을 유치하고 있다. 하지만 치안을 자신하는 태국 정부의 자존심은 요즘 여지없이 무너졌다. 나라티왓, 파타니, 얄라 등 태국의 남부 3개주 때문이다. 지난 2004년부터 **이슬람 주민**들의 소요사태가 계속되어 오고 있기 때문이다. 이 지역들은 한때 밤만 되면 무법지역으로 변해버렸다.

이 지역은 말이 태국이지 사실은 말레이시아와 다름이 없는 지역이다. 주민들이 대부분 **무슬림**이다. 따라서 생활양식이나 문화가 불교국가 태국과는 전혀 다르다. 그래서 이전부터 무슬림만의 자치를 요구하는 목소리가 계속되어 왔던 곳이다. 하지만 이런 목소리는 태국 정부의 외면과 강경한 억누름으로 제대로 터져 나오지 못하고 속으로만 응어리져 왔었다.

그러던 중 지난 2004년 초중등학교 20여 곳이 밤새 불타버린 사건이 일어난다. 이 사건의 용의자로 태국 정보당국은 이슬람 과격주의자들을 지목한다. 태국 정부의 대대적인 압수수색이 진행됐고 무슬림 청년들에 대한 무리한 연행과 조사도 이어졌다.

이 과정에서 인권을 무시하는 공권력의 무자비함이 불거졌다. 이는 무슬림 청년들의 분노를 샀고 밤을 틈탄 폭발물 설치 등의 보복테러로 이어졌다. 태국 군경에 대한 야간습격이나 심지어는 목 자르기 사건까지 빈번히 일어났다.

그럴수록 태국 군경은 용의자를 찾아낸다며 가혹하게 무슬림들을 다뤘다. 분노와 보복테러 그리고 공권력의 가혹행위 등의 순서로 악순환이 반복되면서 이 지역상황은 최악으로 치달아 왔다. 그 악순환의 과정에서 목숨을 잃은 무슬림들과 태국 군경의 숫자가 무려 5천 명이 넘는다. 계엄이 선포되고 군대가 주둔해 치안을 정상화시키려 했지만 전혀 먹히지 않았다.

오히려 테러의 양상도 점차 대담해지고 수법도 다양해지고 있다. 2012년 7월에는 대낮에 무장괴한들이 군인들을 공격해 군인 4명이 현장에서 숨진 사건이 일어났다. 범인들은 대담하게도 소형트럭에 나눠 타고 가다가 오토바이를 타고 가던 군인들을 공격했다. 이 장면이 CCTV에 생생하게 잡혀 언론에 크게 보도되기도 했다.

불특정 다수가 희생되는 공공장소 폭탄테러도 예사로 일어나고 있다. 백화점이나 호텔 지하 주차장에서 폭탄이 터지기도 한다. 차량 폭탄테러에는 도난 차량이 사용되어 차량도난 사건은 테러의 전조처럼 해석되기도 한다. 태국 정부는 사태를 해결하기 위해 강온 양면정책 등 온갖 수단을 다 동원하고 있으나 상황은 쉽게 나아지지 않고 있다. 이슬람 분리왕국을 꿈꾸는 테러세력은 갈수록 조직화되는 양상이어서 태국 정부의 고민은 더 깊어가고 있다.

골든트라이앵글의 아편박물관

인도차이나 반도의 젖줄 메콩 강이 만들어낸 골든트라이앵글, 황금의 삼각주는 태국과 미얀마, 라오스 세 나라가 만나는 지역이다. 한때 세계최대 아편생산지로 유명했던 곳이다. 태국 정부의 대대적인 마약전쟁으로 아편이 대부분 사라졌음에도 미얀마 등 이웃나라에서 생산되어 넘어오는 마약으로 인해 아직도 살벌한 마약전쟁이 계속되고 있는 곳이다. 바로 이 골든트라이앵글의 한복판인 메콩 강변에 **아편박물관**이 들어섰다. 아편으로 망가져가는 고산족들을 아편에서 구해내기 위해 노년의 삶을 헌신하다 간 현 푸미폰 국왕의 어머니 뜻을 기려 건립된 곳이다.

2003년 10월 개관한 이 박물관은 아편에 관한 모든 것을 담고 있다. 특히 아편의 무서움과 해악을 피부로 실감할 수 있도록 설계되어 있기로 유명하다. 박물관 입구를 지나 안에 들어서자마자 어두운 통로에서 음산한 음악이 들리는 게 기분이 이상해진다. 벽으로 눈을 돌리면 벽마다 아편으로 망가진 사람들을 형상화한 조각이 눈에 들어온다. 137m 길이의 어두운 터널을 으스스한 기분으로 한참 걸어가다 보면 이상한 냄새가 난다. 바로 모조아편 냄새이다.

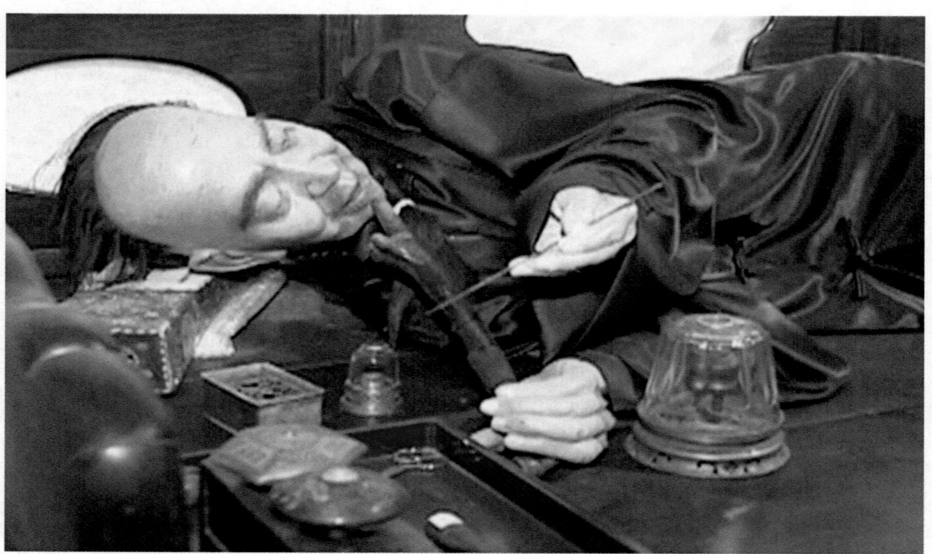

아편세계에 와 있는 듯 느끼도록 만들기 위해 진짜 아편냄새와 유사한 냄새를 복도 전역에 흘리고 있는 것이다. 음습한 통로를 지나면 골든트라이앵글을 상징하는 삼각모양이 바닥에 보인다. 이를 밟고 안으로 들어가면 250여 종이나 되는 양귀비꽃을 비롯해 아편과 관련한 각종 통계자료를 볼 수 있다. 5천여 년 전에 시작된 아편의 유래에서부터 아편이 유통되기 시작한 과정, 근세 들어 일어난 청나라와 서구국가들 사이에 벌어진 아편 전쟁 등 아편에 관한 모든 역사들이 설명과 함께 그림과 산뜻한 디자인으로 이해하기 쉽도록 되어 있다.

한쪽에는 아편 흡입을 위한 곰방대와 아편 베개 등 **아편과 관련된 각종 기구**들이 전시되어 있고, 양귀비꽃에서 채취된 아편이 어떤 과정을 거쳐서 만들어지는지 전 제조 과정을 모형물을 통해서 보여 주기도 한다. 또 아편으로 망가져가는 사람들을 가둬놓은 모조감옥까지 만들어져 있다. 특히 모조감옥은 아편으로 망가져 폐인이 된 사람들의 갖가지 형상을 생생하게 보여주고 있다. 한 번 돌아보고 나면 아편이나 마약근처에는 아예 얼씬 거릴 생각도 안할 만큼 그 해악을 충분히 이해하고 실감할 수 있도록 정밀하게 설계가 되어 있다. 아편과 마약에 대한 산 교육장으로 알려지면서 태국 전역에서 찾아오는 발길이 갈수록 늘어나고 있을 뿐만 아니라 외국에서까지도 견학의 발길이 이어지고 있다.

퇴폐 마사지 황제 회심하다

방콕의 밤거리는 화려하다. 이 화려함의 이면에는 환락산업의 실체가 있다. 이리저리 풍문으로 알고 오는 여행자들의 춘심을 자극한다. 겪어본 남성들의 입에서 입으로 전해지는 캐자르니

엠마뉴엘이니 하는 화려한 네온사인 간판들이 혹시나 하며 이국의 거리를 서성이는 남성들을 유혹한다. 안마를 빙자로 성을 파는 퇴폐 마사지업소들이다. 물론 다 불법이지만 공공연한 사실이다. 내부시설이 극히 화려하고 환락과 관련한 일체의 시설이 안에 갖춰져 있다고 생각하면 딱 맞는 곳이다. 번호표를 단 미인들을 쇼윈도 안에 가득 넣어놓고 손님으로 하여금 고르게 한다. 미녀를 고르면 욕탕이 갖추어진 룸으로 안내해 극진한(?) 성적 서비스를 제공한다. 그야말로 환락가 방콕의 대명사이다.

이런 **마사지업계에서 황제**라고 불리는 인물이 있다. **추윗 까몰위싯**은 돈키호테성 사건으로 지난 2002년, 2003년 태국에서 가장 유명해진 사람으로 이 유명세를 타고 급기야는 국회의원까지 된 입지전적인 인물이다. 그는 원래 이름만 대면 다 아는 유명 마사지업소를 방콕 시내에 7곳이나 소유했었다. 그야말로 돈을 긁던 밤무대의 황제인 셈인데 이 사람이 어느 날 갑자기 경찰비리를 폭로하겠다고 공개적으로 나서면서 태국 전체가 난리가 났다. 그럴 수밖에 없는 것이 부패한 태국 경찰의 굵은 돈줄(?) 가운데 하나인 마사지업계의 황제가 경찰 치부를 드러내겠다고 나섰으니 보통 사건이 아닌 것이다.

안마를 빙자해 성적 서비스를 제공하는 퇴폐 마사지업소 자체가 불법이기 때문에 업소운영을 위해서는 경찰에 막대한 뇌물을 상납할 수밖에 없다. 추잇은 경우 매달 정기적으로 경찰에 상납한 돈만 3억 6,000만 원이라고 주장했다. 명단을 폭로하겠다며 총리실 앞에서 내·외신 기자들을 모아놓고 연일 기자회견을 해댔다. 급기야는 여론조사 결과 추윗의 말이 맞을 것이라고 믿는 태국 사람이 대부분을 차지하자 탁신총리도 그냥 넘어갈 수 없어 경찰에 특별조사를 지시했다.

사건의 와중에 추윗이 실종되는 사건이 일어난다. 이틀간 행방불명된 다시 나타난 추윗은 경찰의 납치를 주장했다. 경찰이 자신을 납치한 뒤 명단을 공개할 경우 살해하겠다고 협박공갈을 했다는 것이다. 온 나라는 다시 발칵 뒤집히고 경찰은 진상조사 끝에 추윗이 여론의 관심을 모으기 위해 자작극을 벌인 것으로 결론을 내렸다.

하지만 경찰 말을 그대로 믿는 태국인들은 거의 없었다. 이래저래 추윗은 유명해진 가운데 사건은 장기화되면서 흐지부지한 모양새로 되어갔다.

그런데 잘 나가던 추윗이 왜 경찰비리를 폭로하겠다고 나선 것일까? 추윗이 경찰에 배신감을 느낀 때문이다. 2002년 2월 어느 날 방콕의 번화가 수쿰빗에 있는 상가건물에 대낮에 수십 명의 폭력배들이 나타나 상가건물을 온통 깡그리 부셔버리는 황당한 사건이 발생한다. 사건이 사건인 만큼 여론의 관심을 끌면서 파헤쳐진 결과 추윗이 사건의 배후조종자로 윤곽이 드러나게 됐다. 이야기인즉슨 추윗이 땅의 소유권을 갖고 있는 건물에 상인 세입자들과 재산권 분쟁이 복잡하게 되자 깡패들을 동원해 건물을 작살내 버리는 무모한 짓을 벌린 것이다. 매달 천문학적인 돈을 상납해가며 관리해 온 경찰의 든든한 배경을 믿고 일을 저지른 것이다. 사건이 너무 커지자 추윗 자신이 갖고 있는 모든 연줄을 동원해 경찰에 구명을 호소했지만 한결같이 거절당했다고 한다. 추윗은 이런 과정에서 배신감을 느꼈고 이것이 폭로를 결심하게 만들었다는 분석이다.

사건은 추윗이 경찰과 엎치락덮치락 하며 흐지부지되어 가다가 또 한 번 화제에 오르게 된다. 추윗이 정당을 만들겠다고 선언하고 나섰기 때문이다. 추윗은 락 뿌라텟 타이당(태국사랑당)이라는 당을 창당해 전국구 하원의원으로 국회에 입성하게 됐다.

2005년 2월 18일 추윗은 국회의사당 앞에서 마사지업계와의 절연을 다짐하는 퍼포먼스를 벌여 장안의 화제가 됐다. 당선자 등록을 위해 국회의사당에 들어가기 전에, 내외신 취재진과 행인들이 지켜보는 가운데 추윗은 흰 색 관 속에 자신을 눕히는 장면을 연출했다. 다시는 마사지업소 운영을 하지 않겠다는 자신의 결심을 보여준다는 의미이다. 추윗은 예전의 자신은 이미 죽은 만큼 언론에서도 더 이상 마사지업계의 황제로 부르지 말아달라는 주문을 한 뒤 국회의사당 안으로 들어갔다. 현재는 재선의원이다.

추윗의 이 같은 극적인 변신은 종교적 동기 때문으로 알려져 있다. 그는 불교에서 기독교로 개종한 뒤 수쿰빗 쏘이 10에 있던 마사지팔러와 술집들을 철거했다. 2005년에는 그 곳에 '추윗 공원 Chuvit Garden'이라고 불리는 사설공원을 세웠다. 공원 입구에는 'Dedicated to the Lord Jesus Christ 29th August 2005 to God be the glory(예수에게 봉헌되었다)'라는 문구가 새겨져 있다.

가짜학위 천국, 카오산 로드

국제도시 태국 방콕에서 왕궁 근처에 있는 카오산 로드는 가장 에너지가 넘치는 곳이다. 근사한 호텔에 숙박해 짜인 관광일정을 소화하는 관광이 아니라 내 멋대로 내 발길 닫는 대로 다니며 현지체험을 하고 싶어 하는 젊은이들이 모여드는 곳이기 때문이다. 세계 각국의 흰둥이, 검둥이, 노란둥이들이 처음 만나 여행이라는 화두에 서로 마음 문을 열고 쉽게 친해지는 곳이다. 그래서 하룻밤에 스치는 인연이 만들어지기도 하며 이를 이용해 각종 사기와 야바위가 판을 치는 곳이기도 하다. 여행에 필요한 정보가 넘치는 곳이며 여행객을 위한 물자와 시설이 무엇이든지 공급되는 곳이다. 그것도 가장 싼 값에. 그래서 늘 여행객들과 이들 때문에 먹고사는 현지인들이 뿜어내는 삶의 열기와 활기가 넘치는 곳이다.

이곳에는 여행객들에게 필요한 것은 무엇이던지 다 있다. 싼 숙박업소에 저렴하고 맛있는 세계 각국의 음식과 값싼 비행기 표, 세계 각국에서 모인 배낭여행 젊은이들과 쉽게 친구할 수 있는 좋은 기회와 그들을 통한 세계 각국으로의 생생한 여행 정보 등등.

그러나 이곳의 매력은 밝은 데 드러난 것들에 그치지 않고

음성적이고 불법적인 것들까지 여행객들을 잡아끌어 들이는 마력이 있다. 여기선 여행의 필요를 위해서라면 온갖 불법적인 것도 다 가능한 것이다. 이를테면 배낭여행자들이 학생신분으로 할인받기 위해 필요한 가짜 학생증이나 어느 나라 여행에서 운전에 필요한 그 나라 가짜 운전면허증까지 약간의 돈만 내면 다 가능한 것이다. 특히나 이곳에서 만들어 주는 가짜 학위증명서는 여행 중에 돈 떨어진 영어권 국가 젊은이들에게 아주 인기가 있는 물건이다. 백 달러 정도의 돈만 주면 미국의 하버드대학이나 영국의 옥스퍼드 대학 등 원하는 대학은 어디든지 **가짜 학위나 졸업장**을 만들어 주는 것이다. 물론 가짜인 만큼 거래는 아주 은밀하고 조심스럽게 이뤄진다. 진짜 졸업장과 정말 똑같은지를 미심쩍어 하는 고객은 뒷골목으로 데려가 은밀하게 숨겨 보관해 놓고 있는 세계 각국 유명대학의 진짜 졸업장 견본을 보여주기도 한다. 앨범 가득히 담겨 있는 진짜 졸업장에서 이름은 인적사항을 바꿔서 컴퓨터로 뽑으면 버젓한 학위증서가 나온다. 진짜와 구별하기 힘들다. 실제로 진짜 졸업생들도 구별할 수 없는 졸업장이다. 이렇게 정교한 가짜 졸업장이나 학위 증서를 만드는 데 걸리는 시간은 2시간이면 충분하다. 백 달러 주고 산 이런 졸업장만 있으면 방콕에서는 영어를 가르치는 일자리를 구하는 데 큰 어려움은 없다고 한다. 초·중·고교나 학원 등 어디나 영어 native speaker 구하기가 쉽지 않은데 특히 자격증 있는 교사 구하기는 정말 쉽지 않다. 그래서 버젓한 학위증명서 있으면 일자리는 쉽게 구할 수 있는 것이다. 학위의 진위여부를 가리려면 본국에 확인 조회해 봐야 하는데 현실적으로 그런 확인조회 절차를 거치는 학교는 거의 없다. 그러다보니 무자격 영어교사들이 판을 친다.

그래도 대학 졸업한 영어권 사람이면 영어 가르치는 데에야 큰 어려움도 없고 학생들에게 큰 해가 될 리는 없다. 문제는 배움이 턱없이 부족한 사람들이 적지 않다는 것이다. 이런 사람들은 영어말만 할 뿐이지 문법에 대한 지식이 학생들보다 못해 학생들이 배우면서 고개를 갸우뚱거리기 일쑤이다. 심지어는 영어단어 철자법도 예사롭게 틀리는 경우도 많다. 더 심한 경우에는 비영어권 사람이 영어권 주민인 냥 가장하고 취직해 영어를 가르치는 경우도 있다. 영어발음이 원어민과는 터무니없이 이상한 경우도 있는 것이다. 이런 사람들은 대개가 방콕에 놀러왔다가 여행경비를 마련하기 위해 가짜 학위 구해서 취직한 경우라고 보면 된다. 한 마디로 뜨내기 여행객들인데 영어말 좀 한다고 여행경비를 쉽게 벌려고 하는 부류들이다. 이런 부류의 사람들을 대상으로 카오산로드에서 가짜 학위를 파는 가게가 20여 곳으로 알려져 있다. 이들 가게에서 가짜학위증을 사가는 외국인이 매년 만여 명에 이른다고 한다. 그럼에도 당국은 별다른 뾰족한 대책을 내놓지 못하고 있다. 이래저래 태국은 영어권 국가 사람들에게는 관광도 즐기고 돈도 벌 수 있는 천국이 되어 가고 있다.

배낭여행객 울리는 보석사기

연중 내내 외국인 청소년 관광객들로 가득한 방콕 카오산 로드는 그 즐거움만큼이나 씁쓰레한 경험을 하기 쉬운 곳이다. 여행객들을 노린 사기꾼들이 판치는 무대이기도 하기 때문이다. 대표적인 것이 보석사기이다. 이 보석사기는 매년 끊임없이 세계 각국의 관광객 피해자가 발생하지만 근절되지 않고 있는 태국 특유의 고질적 악성 범죄이다. 필자가 여행객을 가장하고 겪어본 보석사기의 실제 현장은 다음과 같다.

카오산 거리로 나서면 여행안내 박스 등 곳곳에 툭툭 운전사를 조심하라는 문구가 적혀 있다. 태국 정부의 **보석특별판매 캠페인을 내세우며 접근하는 툭툭 운전사**는 다 사기이니 조심하라는 내용이다. 실제로 여행객을 가장하고 툭툭 운전자한데 가니 10바트에 시내관광을 시켜준다고 호객을 한다. 10바트, 우리 돈 380원에 무슨 시내관광이냐고 물으니 짧은 영어로 다음과 같이 말한다. "엑스포트 센터 룩킹 엑스포트 가버먼트 프로모션 프리가솔린 10바트." 눈치로 때려잡아 대강 해석해 보면 "수출센터 구경하면 시내관광 10바트이다. 수출 진흥 정책에 따라 기름 값이 무료이기 때문이다"라는 내용이다.

모르는 척하고 올라타니 신나라하고 달려댄다. 우선 관광객들이 들러본다는 시내의 절에 내려놓는다. 절이라야 태국 어디서나 볼 수 있는 흔한 절이지만 신기한 체 하고 큰 불상을 훑어보면서 구경하는 체하니 웬 관광객이 접근하며 인사를 한다. 이런 저런 이야기 중에 자신은 싱가포르 유학중 잠시 귀국했는데 이번에 보석판촉기간에 보석을 하나 샀다고 자랑한다. 보석을 갖다 팔면 유학비 상당액수를 건질 수 있기 때문에 자신은 종종 이처럼 유학경비를 마련한다는 설명이다. 툭툭 운전사의 말에 신빙성을 더해줘 관광객들을 보석가게로 유인하기 위한 바람잡이인 것이다. 툭툭 운전사들이 안내하는 곳마다 이런 바람잡이들이 늘 있기 마련이다. 그러면 관광객들은 처음에 툭툭 운전자말만 듣고는 긴가민가하다가 이런 바람잡이들 말을 들으면 믿는 마음이 확 굳어진다. 그래서 밑져야 본전인지 하는 맘으로 보석상엘 가게 된다.

툭툭 운전사가 데려다준 곳은 겉에는 '엑스포트 센터'라고 쓰여 있는 보석가게인데 특이한 점은 밖에서 안을 전혀 들여다 볼 수 없는 유리가 설치되어 있다는 점이다. 자세히 살펴보면 가게 안 출입문 입구에 건장한 사람들이 끊임없이 바깥 주변을 감시하는 모습을 볼 수 있다. 가게 바깥에도 사람들이 배치되어 잇는 모습이 눈에 띄는 등 모든 것이 평범한 보석가게와는 구별이 된다. 물론 이런 점은 필자가 사전에 알고 자세히 살펴봐서 알 수 있는 것이지 보통의 평범한 관광객들이라면 눈에 뜨이지 않을 것이다. 보석 가게 안에는 제법 넓은 규모의 가게 안 매장에는 여느 보석가게처럼 각종 보석들이 화려하게 전시되어 있다. 예쁘장하게 생긴 점원은 정부의 보석판매 촉진 특별기간이기 때문에 지금 보석을 사면 면세라 귀국해서 거액을 남길 수 있다며 꼬드긴다. 반신반의하면 한국 일본 홍콩 등 어느 곳이나 자기 거래상들이 있어서 그들에게만 갖다만 줘도 된다며 거래상 한국명함 주소까지 보여주며 상세히 가르쳐 준다. 물론 전부 거짓말이지만 관광객들에게는 모든 아귀가 척척 맞아 전혀 거짓말 같지 않게 들린다. 거기에다 반신반의하는 모습을 보이면 이미 여기서 보석을 구입해간 사람들의 여권 카피 본까지 여러 장 보여준다. 한결같이 멀쩡하게 생긴 대학생들(모두다 피해자들)모습이다. 이쯤 되면 마지막 한 가닥 경계하는 마음은 사라지고 보석을 구입하게 된다. 비싼 것을 사면 살수록 많이 남는다는 계산에 무리해서 수백 만 원짜리 카드를 긁기 마련이다. 보석을 판 뒤에는 세관문제도 있고 하니 우편으로 배달해 준다고 한다. 이렇게 하는 이유는 보석을 즉석에서 갖고 갈 경우 나중에 가짜라는 사실을 알게 되면 즉시 와서 환불해달라는 소동을 벌일 것을 피하기 위해서다. 그래서 우편으로 보내면 귀국 후 보석을 받아본 뒤에는 가짜라는 사실을 알아도 때가 늦기 때문이다.

이런 식의 보석사기에 속는 경우는 방콕의 한국대사관에 접수되는 경우만도 매년 20여건이나 된다. 배낭여행 대학생들이 몰리는 방학기간에 피해자가 집중발생 한다. 실제로 신고안하는 피해발생이 훨씬 많을 것으로 추정이 되어 우리나라 배낭여행 대학생만도 수십 건의 피해자가 매년 생겨난다고 봐야한다. 재미있는 것은 우리나라 대학생들 피해가 가장 많다는 점이다. 아마도 우리 대학생들의 한건 혹은 한탕주의가 다른 나라 학생들에 비해 심한 건 아닌지하는 씁쓸한 마음이다. 더 재미있는 사실은 서양관광객들은 이미 이런 사실을 알고 일부러 툭툭 운전자에게 속는 체하고 보석가게 구경을 하는 얌체 실속파들이 많다는 것이다. 350원내고 툭툭 타고 다니며 구경만 실컷 하고 보석은 안사는 것이다. 툭툭 운전자들은 관광객들이 알건 말건 보석가게에만 손님들을 데려다 주면 가게에서 돈을 받는 까닭에 신나라 손님들을 태워다 주기 마련이다.

이런 보석사기 수법에 가끔씩 서양관광객들도 걸려드는데 얼마 전 독일 관광객들이 이런 경우를 당하곤 자국대사관등에 문제를 제기하고 인터넷에 글을 올리곤 해서 언론에 크게 보도된 적이 있지만 그때 뿐 근본적으로 없어지지 않는다. 문제가 생기면 가게이름을 바꾸거나 장소를 옮길 뿐 전혀 근절되지 않고 있는 것이다, 그만큼 돈이 많이 되는 장사이기 때문이다. 사기 친 돈으로 경찰에 거액을 상납하는 등 견고한 먹이사슬을 오랜 동안 형성해 놓았기 때문에 단속하나 마나이다. 문제가 생길 때 적당히 해결하는 척하다가 또 생기곤 하는데 이 보석사기 비즈니스는 태국 내 마피아중 가장 세다고 알려진 군대 마피아가 개입되어 있는 사업이라는 게 알만 한 사람은 다 안다. 그래서 경찰의 비호 아닌 비호를 받다보니 보석사기 현장에서 신고해 봐야 경찰의 정성을 다한? 서비스를 기대하긴 어렵다. 그래서 피해를 당한 학생가운데는 환불을 요구하다 뺨을 맞는 등 수모를 곱으로 당하는 경우도 적지 않게 있다. 태국여행을 하는 학생들 그럴듯한 보석 이야기에 괜히 귀를 기울여 거액을 손해보고 마음고생하며 여행 기분 잡치고 개망신에 매까지 맞는 황당한 일을 겪지 않길 바란다. 물론 일확천금의 꿈만 꾸지 않으면 절대 그럴 일은 없다.

한국골퍼 추태 만상

과거 김영삼 대통령 시절 당시 공보처에서 해외의 'Ugly Korean (추악한 한국인)' 사례를 발표한 적이 있다. 그 가운데 독일에 있는 한 **골프장**에서 '한국인 출입금지' 팻말을 내걸었다는 사례가 있었다. 한국인 골퍼들의 나쁜 매너 때문이었다.

골프천국이라는 태국에서도 '한국인 출입금지' 팻말까지 내걸 정도는 아니지만 한국인 골퍼를 꺼리는 분위기는 어느 골프장에나 있다. 장사 때문에 한국인 골퍼들을 환영하지만 내심으로는 끔찍할 정도로 싫어하는 것이다.

우선 캐디들에게 물어보면 예외 없이 외국인 가운데 매너 꽝 1위가 한국인이다. 왜냐고? 거친 매너 때문이다. 한국인 골퍼들은 거의 예외 없이 목소리가 크다. 주변을 전혀 아랑곳하지 않고 큰 소리로 떠들며 경기하는 경우가 많다. 성격도 급하다. 더운 나라 태국은 날씨에 맞게 사람들이 환경에 적응이 되어 있어 매사에 급한 게 없는 사람들이다. 한국인 눈으로 보면 느려터지고 답답해 보이는 태국 사람들이 제일 싫어하는 말이 '래우래우(빨리빨리)'이다. 반면에 한국인들이 제일 많이 쓰는 말이 '빨리 빨리'이고 보니 손님과 캐디 간에 궁합(?)이 잘 맞을

리가 없다. 골프장 예약이 대개 필수이고 예약도 안하고 와서 저돌적으로 밀어붙이는 경우도 예외 없이 한국인이다.

게다가 골프매너는 또 얼마나 꽝인가? 잘 안 맞으면 욕설이 거침없이 튀어 나오고 캐디에게 화풀이를 하는가하면 어떤 사람들은 열 받으면 채를 그대로 내던져 잔디를 훼손시키는 경우도 드물지 않다. 심지어 그린 위에서까지 이런 유의 사람이 발견되는 것도 한국인만 유독 그렇다는 것이다. 어느 골프장에서는 공이 안 맞아 열 받던 한국인 골퍼가 꼬투리 잡아 캐디에게 화풀이 끝에 캐디를 골프장 연못에 빠트린 사건까지 일어났다. 이후 해당 골프장에 한동안 한국인이 출입 금지된 사례는 태국 교민사회에서 두고두고 회자되고 있다.

내기골프는 좀 많이 하는가? 홀당 넘어갈 때마다 천 바트(우리 돈으로 3만 8,000원 정도)짜리가 몇 장씩 왔다 갔다 한다. 캐디비가 200바트 정도이고 한 라운딩 돌고난 뒤 캐디들이 받는 팁이 내국인으로부터는 50바트, 외국인의 경우는 200바트 정도인 점을 감안하면 홀당 점수를 계산해서 천 바트짜리가 오고가는 경기에 캐디들의 마음이 편 할리는 없을 것 같다. 게다가 돈이 오가니 소리가 클 수밖에 없고 때로는 돈 잃고 열 받은 선수는 캐디가 조금이라도 실수하면 잡아먹을 듯이 닦달한다.

성희롱은 또 어떤가? 캐디들은 으레 그렇고 그런(?) 여자로 생각하는 한국 골퍼들이 많아서 처음 만난 캐디에게 짧은 영어로 어떻게 해보려고 수작부리는 경우도 유독 한국인이 많다는 호소이다.

골프장후 샤워장 매너는 또 어떤가? 태국 사람들 눈으로 보면 정말 싫은 한국 사람이다. 왜냐하면 태국 사람의 경우 욕실이나 샤워장등에서 절대로 하반신 노출을 하지 않는 게 관행이어서 수건을 하반신에 감고 다니는데 한국 사람의 경우는 그렇지 않기 때문이다. 탈의실에서 샤워장에서건 어디든 완전 발가벗고 아무렇지도 않게 다니는 경우도 유독 한국인이 대부분이다.

이래저래 한국인 이미지가 태국 골프장에서는 좋을 수가 없다. 그런데도 골프장마다 한국사람 들이 갈수록 늘고 있다. 성수기 태국골프장에는 그야말로 한국인 천지이다. 한국인 단체관광객을 받는 골프장의 경우 하루 200명 손님에 150명이 한국 사람일 정도이다. 하기야 한국에서 골프라운딩 한 번에 25만 원 정도 지출이 되는데 4번 라운딩 할 돈이면 태국에 비행기타고가서 괜찮은 호텔이나 리조트에서 먹고 마시며 사나흘 무제한 라운딩해도 남는 돈이니 그럴 수밖에 없다. 그래서 해마다 태국골프장 그린을 한국 사람들이 장악하는 현상이 벌어질 만큼 한국 사람이 몰려들면서 골프장마다 즐거운 비명을 지른다. 반면에 한국인이 많이 오는 골프장은 현지인 회원들의 불만이 심해서 고급 골프장의 경우는 한국인 단체손님을 받지 않는 경우도 점차 늘어가고 있다. 이런 추세로 나가다가는 언젠가 태국 골프장에도 한국인 출입금지라는 팻말이 붙게 되지 않을까 심히 우려된다.

메콩 강 엑서더스

잘 알려진 것처럼 **메콩 강**은 동남아시아의 젖줄이다. 중국 칭하이 성에서 발원해 티베트와 윈난 성을 거친 후 라오스와 미얀마를 관통해 흐르다가 이윽고 황금의 삼각지대에서 태국 땅과 만나게 된다. 메콩 강은 황금의 삼각지대로부터 치앙콩까지 흐르고 태국을 뒤로 한 뒤 라오스 내륙으로 깊숙하게 들어간다. 이어 캄보디아를 거쳐 종국에는 베트남 남부 메콩델타에 드넓은 평야를 만들고 난 뒤, 동지나해로 빠진다. 장장 4천여 km에 이르는 강이다. 메콩 강 없는 동남아시아는 생각할 수 없을 정도로 동남아인들의 삶 전반에 영향을 미치는 강이다.

바로 이 메콩 강이 최근에는 탈북자들의 생명줄이 되고 있다. 탈북자들이 제3국 망명을 위한 탈출경로로 메콩 강을 이용하고 있는 것이다. 북한 땅을 탈출해 중국에서 연명하는 탈북자들 가운데 태국 땅으로 흘러드는 탈북자들의 행로를 순서대로 약술하면 다음과 같다.

먼저 중국 각지에서 기차를 타고 곤명으로 와 버스를 타고 남쪽도시 징홍에 이른다. 여기서 차를 타고 중국과 라오스 국경까지 이른 뒤 걸어서 국경을 넘는다. 이 과정에서 국경경비대에 체포되면 뇌물을 줘서 통과하거나 아니면 베이징으로 압송되어 북한으로 추방된다. 오는 과정 하나하나가 다 가슴 졸이며 사선을 넘나드는 상황이다. 이들이 국경을 무사히 넘으면 라오스 루앙남타에 이르는데 여기서 메콩 강 상류지역인 호이사이까지 대개 걸어서 온다. 검문소가 나오면 산길을 돌아 건너다가 배고프면 민가에서 구걸하기도 한다. 이렇게 오는 길이 열흘에서 보름이 걸린다 한다. 메콩 강을 배를 타고 무사히 건너서 태국 땅에 발을 딛는 곳이 치앙콩이나 치앙센 지역이다. 태국 경찰의 눈을 피해 무사히 들어오면 여기서 방콕까지 버스나 기차를 타고 내려간다.

방콕에서부터는 한국대사관의 도움을 받지만 대개는 치앙콩이나 치앙센 지역에서 대부분 태국 경찰에 인계되고 만다. 그러면 여기서부터 불법입국자에 대한 절차를 밟아 치앙라이 경찰서에서 메사이 이민국 감옥을 거쳐 방콕에 이르는 경우가 대부분이다. 최근에는 탈북자 문제가 언론에 자주 보도되면서 때로는 추방당하는 일도 더러 생기기도 한다.

아무튼 탈북자들이 천신만고 끝에 태국 치앙센에 이르면 일단 큰 고비는 넘기는 셈이다. 이후부터도 절차를 밟아 자유로이 햇볕을 쬐기까지는 서너 달은 더 불안감에 떨면서 옥살이를 해야 한다. 태국의 감옥이 열악하기로 악명 높은데다가 무더위까지 겹쳐서 하루하루 견디기가 쉽지 않다. 더군다나 중국 땅에서 시작된 기나긴 험로의 여정에 탈진 상태에 이른 경우도 많고 갓난아이 등 노약자의 경우도 적지 않다.

그러나 이렇게라도 태국 땅에 오는 탈북자들은 성공한 경우다. 온 이들의 대부분은 브로커 조직의 도움을 받고 온 경우다. 그래서

1인당 500~700만 원 정도의 선불을 지불하거나 돈이 없으면 한국에 가서 정착금을 받아 지불할 것을 약속하기도 한다. 이 돈을 마련하기 위해 탈북자들은 중국 땅에서 죽을 힘을 다해 돈을 마련하거나 이미 서울로 간 가족들이 있는 경우는 이들이 내주기도 한다. 여행경로의 실비만 따지면 백만 원 정도 들어가는데 기독교단체등에서 인도적인 차원으로 하는 극소수의 경우를 제외하고는 다 거액의 비용을 들여 탈출 지원조직의 도움을 받아 머나먼 길에 나서는 것이다. 그러나 거액의 돈을 지불해도 브로커조직이 무사히 방콕에까지 책임지고 안내해 주는 것이 아니다. 거액을 주고 길을 나섰다가 안내자가 중간에 사라져버리는 바람에 경찰에 체포되어 감옥에서 고생을 하다가 풀려나는 탈북자들도 종종 있다.

탈북자들이 사선을 넘는 고비마다 믿을 것은 돈 밖에 없다. 그런데 고생 고생해 태국 치앙센에 도착해 경찰서 유치장에 불법입국자로 갇히면 일체의 돈을 다 털리는 신세가 되고 만다. 그러면 벌금 등 일체의 과정을 몸으로 때우면서 서너 달을 버티어 내야 한다.

그러나 태국 땅에만 도달하면 자유를 얻을 수 있다는 소문에 메콩 강으로 향하는 탈북자들은 계속 늘어나고 있다. 이 메콩 강 엑서더스는 지난 2003년 8월 방콕 주재 일본대사관의 탈북자 진입사건으로 노출되면서 잠시 끊겼다. 그 후 언론이 잠잠해지면서 다시 늘어 요즘도 메콩 강 상류지역에는 중국과 라오스 삼림지대를 거쳐 메콩 강에 이르러 도강 기회를 엿보는 탈북자들이 수백 명 정도 은신해 있는 것으로 알려져 있다.

〈대전부르스〉에 취한 태국 노병들

"치익칙 칙칙 칙칙폭폭 칙칙폭폭 잘 있거라. 나는 간다. 이별의 말도 없이……."

구성지고 애잔한 가락의 〈대전부르스〉를 태국에서 들을 수 있다면 십중팔구는 노래방에서 한국 사람들의 즐기는 모습을 연상할 것이다. 하지만 가라오케도 아니고 태국인 마을에서 들리는 노랫소리이고 부르는 사람도 태국 사람이다.

바로 방콕에서 동쪽으로 자동차로 30여 분 정도 거리의 외곽지대에 위치한 **'한국인 마을'**에서 볼 수 있는 장면이다. 이 마을에는 한국전쟁에 참전했던 퇴역군인들이 이제는 고희를 넘긴 노인이 되어 한국전쟁의 추억과 함께 살아가고 있다. 마을이 시작된 건 지난 1963년, 당시 한국전 참전용사들이 156가구가 공동으로 3만 평의 땅을 함께 구입해 마을을 이루어 살면서 시작되어 지금까지 내려오고 있다. 이곳에서는 한국전 참전용사 마을이 아닌 "korean village (한국인 마을)"로 불리고 있다. 한국전에 참전했던 태국 군인들은 모두 6천 3백여 명인데 현재 2천여 명이 생존해 있는 것으로 추정된다. 그 가운데 이 마을에는 현재 백여 명이 살고 있다. 노인이 되면 추억을

먹고 살기 마련이지만 이곳의 노인들에게는 젊은 날 이역만리 타국에서 자유를 위해 피 흘려 싸웠다는 전투의 경험이 두고두고 소중한 추억이다.

더욱이 자신들이 그렇게 지킨 나라가 오늘날에 자신들의 나라보다 월등히 잘살며 성공한 나라가 됐다는 현실 앞에 자신이 힘을 보탰다는 자부심에 더욱 각별한 추억으로 남아 있는 것이다. 그래서 참전용사 집마다 대부분 한국전 당시 **사진첩**을 애지중지하며 보관하고 있다. **흑백필름으로 담긴 사진**마다 50여 년의 세월을 뛰어넘는 생생한 모습들이 묘한 감동으로 다가온다. 사진첩을 들여다보며 당시의 무용담과 추억이야기에 신이 나서 걸친 술 한 잔에 홍이 저절로 난다. 지그시 눈을 감고 당시를 회상하며 불러대는 〈대전부르스〉는 구성진 가락만큼이나 듣는 이까지 애잔한 상념에 젖게 만든다. 이들 모두가 한국에 한 번 가보는 것이 소원이다. 하지만 넉넉지 못한 형편에 가보지 못한 경우가 대부분이다. 이들은

TV나 언론에서 한국소식만 들으면 남의 일 같지 않은 관심과 애정으로 한국을 바라보고 있다. 한국에 가본 적이 있는 이들은 눈부시게 발전한 모습에 큰 충격과 감동을 받고 돌아온다. 귀국한 뒤 동료들에게 그 감동을 전하고 그 감동은 모두의 것이 된다. 〈대전부르스〉를 부르는 태국의 한국전 참전 용사들. 각별한 애정과 관심으로 한국을 지켜보는 이들은 이제는 또 다른 모습으로 한국을 지키고 있는 노병이 되어 남은 인생을 살고 있다.